AF387621

KÜNFTIGE INTELLIGENZ

MENSCHSEIN IM KI-ZEITALTER

Michael Brendel

Bibliografische Information der Deutschen Nationalbibliothek: Die Deutsche Nationalbibliothek verzeichnet diese Publikation in der Deutschen Nationalbibliografie; detaillierte bibliografische Daten sind im Internet über http://dnb.dnb.de abrufbar.

© 2019 Brendel, Michael
Verlag und Druck:
tredition GmbH, Halenreie 40-44, 22359 Hamburg

ISBN:
978-3-7482-9197-8 (Paperback)
978-3-7482-9198-5 (e-Book)

Das Werk, einschließlich seiner Teile, ist urheberrechtlich geschützt. Jede Verwertung ist ohne Zustimmung des Verlages und des Autors unzulässig. Dies gilt insbesondere für die elektronische oder sonstige Vervielfältigung, Übersetzung, Verbreitung und öffentliche Zugänglichmachung.

Inhalt

Dank und Anmerkungen

Dieser Essay basiert auf einem Vortrag, den ich im September 2018 im Ludwig-Windthorst-Haus in Lingen gehalten habe. Die Recherchen dazu begannen im Frühjahr 2018. Zwischen Oktober 2018 und Mai 2019 entstand das Manuskript dieses Buchs.

Ich danke meinen Kolleginnen und Kollegen im LWH, in deren Mitte die Idee zu diesem Projekt geboren wurde und die mich immer wieder zum Nachdenken über Themen und Positionen anregen, die mir sonst verborgen bleiben würden. Ich danke Max Tegmark, der viele meiner in diesem Essay ausgebreiteten Reflexionen angestoßen und der sein Zitat „Das wichtigste Gespräch unserer Zeit" in einer freundlichen Email für die Verwendung in diesem Buch freigegeben hat. Herzlich danke ich meinem Kollegen Markus und meiner Mutter Margret, die die mühevolle Arbeit der Korrektur des Textes übernommen haben. Ein besonderer Dank gilt meiner Frau und meinen Kindern. Auch wenn ein Großteil der Denk- und Schreibarbeit in den frühen Morgen- oder späteren Abendstunden erfolgt ist, war ich auch tagsüber in Gedanken manches Mal beim Manuskript. Danke für euer Verständnis, Eva, Helene, Henri und Verena!

Noch ein paar kurze Hinweise zum Text: Direkte und indirekte Zitate in englischer Sprache wurden in der Regel von mir übersetzt; einzelne Passagen wurden vom Onlinedienst *deepl.com* vorübersetzt (der, nebenbei, auf einem KI-Algorithmus basiert).

Zur besseren Lesbarkeit verwende ich im Text für unbestimmte Personen die männliche Form. Diese bezieht sich aber inhaltlich auf Personen aller Geschlechter und ist nicht als Aussage zur Genderthematik zu verstehen.

Obschon ich in diesem Buch – dem Essaycharakter Rechnung tragend – meine persönliche Sicht auf die behandelte Thematik darlege, erfolgte die Auswahl von Beispielen und Zitaten sowie die Anordnung und Benennung der Kapitel im ernsthaften Bemühen um Sachlichkeit.

Michael Brendel, im Mai 2019

I. Einladung zum Gespräch

„Die Beaufsichtigung der Maschinen, das Anknüpfen zerrissener Fäden ist keine Tätigkeit, die das Denken des Arbeiters in Anspruch nimmt, und auf der anderen Seite wieder derart, dass sie den Arbeiter hindert, seinen Geist mit anderen Dingen zu beschäftigen.“[1]

Dieses Zitat ist über 170 Jahre alt. Es stammt von Friedrich Engels, der 1845 „die Lage der arbeitenden Klasse in England“ beschrieb. Damals war die Industrielle Revolution in vollem Gange. Handbetriebene Webmaschinen und Spinnräder waren seit Beginn des 19. Jahrhunderts verstärkt von großen Fabriken verdrängt worden, deren dampfbetriebene Maschinen die bislang in Handarbeit gefertigten Stoffe in einem Bruchteil der Zeit herstellen konnten. Die Ära der Massenproduktion war angebrochen.
In der Folge verwüsteten die so genannten Maschinenstürmer mehrere Fabriken und zerstörten die technischen Anlagen. Die gut ausgebildeten Fachkräfte sahen im Vandalismus die einzige Chance, sich gegen den Einsatz unqualifizierter Hilfskräfte in den Fabriken und das damit einhergehende Lohndumping zu Wehr zu setzen. Auch auf dem Festland kam es bis Mitte des Jahrhunderts zu Maschinenstürmen.[2]

Doch die 1769 von James Watt zum Patent angemeldete Dampfmaschine läutete nicht nur einen Wandel in der Arbeitsgesellschaft ein, der sich später auch in der Gründung von Gewerkschaften und der Einführung von Sozialgesetzen zeigen sollte. Der

Dampf trieb auch Lokomotiven an. Die um 1830 in Europa und Nordamerika in Betrieb genommenen ersten Eisenbahnstrecken wiederum läuteten eine neue Ära des Warentransports und der persönlichen Mobilität ein. Der Hunger tausender Dampfkessel nach dem Brennstoff Kohle förderte wiederum den Bergbau, der jede Menge Arbeitskräfte schuf, aber – ebenso wie die bald allgegenwärtige Kohleverfeuerung – erhebliche Umweltschäden zur Folge hatte. Die Welt war mit der Erfindung der Dampfmaschine eine andere geworden.

Heute stehen wir vor einem ähnlich gravierenden Umbruch. Die Künstliche Intelligenz (KI) könnte die Welt genauso stark verändern wie die Dampfmaschine. Auch, aber bei weitem nicht nur die Arbeitswelt.
Nun hat die Menschheit viele gesellschaftliche Transformationen erlebt. Jede neue Großtechnologie, sei es die Erfindung von Dampfmaschine, Telefon, Automobil, Computer oder Internet, hat für Begeisterung, aber auch für Ängste gesorgt – teils sogar für existenzielle. Denn viele Erfindungen haben die Menschen in Frage gestellt: *Wenn die Technik das jetzt auch schon kann, was bleibt dann für uns Menschen?*
Auch die KI stellt Fragen an uns und unser menschliches Selbstverständnis. Jedoch können wir den derzeitigen Wandel hin zu smarten Technologien gestalten. Noch ist die Künstliche Intelligenz ein junges Forschungsgebiet, das trotz einiger in den letzten Jahren erzielter Durchbrüche und einer ganzen Reihe gut nutzbarer Anwendungen noch immer am Anfang steht.[3]

Deshalb sollten wir uns jetzt die Zeit für ein Gespräch nehmen. Jetzt ist der Zeitpunkt, uns zu fragen, was wir eigentlich von der neuen Technik erwarten. Noch können wir diskutieren, welches Verhältnis wir zu smarten Systemen haben wollen, was uns in einer völlig digitalisierten Zukunft zu Menschen macht und welche Fähigkeiten, Tätigkeiten und Eigenschaften wir uns vielleicht als rein-menschliche Biotope bewahren wollen.

Es ist das wichtigste Gespräch unserer Zeit, wie der US-Kosmologe Max Tegmark es nennt[4], für das ich in diesem Essay Fragen sammeln möchte. Doch führen kann ich es nicht allein. Vielleicht wäre ich sogar ein schlechter Gesprächspartner, weil mir der berufliche Einblick in die meisten der in diesem Gespräch angefragten wissenschaftlichen Disziplinen fehlt. Und vielleicht bleibt sogar der Wunsch nach einem solchen Gespräch eine Utopie. Denn es ist nicht gesagt, dass alle Menschen Interesse an einem kritischen Gespräch zur Zukunft der Künstlichen Intelligenz haben – vor allem diejenigen nicht, die jetzt schon viel Geld damit verdienen.

Ich möchte dennoch versuchen, die Agenda für dieses so wichtige Gespräch zu entwerfen. Sie sind eingeladen, den Weg von der Geburtsstunde der KI über eine Auswahl aktueller Anwendungsgebiete bis in die mögliche Zukunft mitzugehen und Ihre eigenen Fragen zu stellen, mit anderen zu diskutieren und schließlich in der Gesellschaft zu kultivieren. Es ist besser, unser Menschsein jetzt zu hinterfragen, als irgendwann eine weit entwickelte KI diese Frage beantworten zu lassen. Doch betrachten wir zunächst unseren Gesprächsgegenstand. Was ist eigentlich KI?

II. Was ist KI?

1. Algorithmen

Beginnen wir mit der Definition von *Algorithmus*. Der Begriff findet in der Mathematik und Informatik Anwendung und ist erheblich älter als die KI-Forschung, für deren Verständnis aber von großer Bedeutung. Bei einem Algorithmus handelt es sich um Anweisungen, die ein Computer in einer festen Reihenfolge abzuarbeiten hat. Man kann ihn mit einem Kochrezept vergleichen:
Nimm 250 Gramm Butter, 500 Gramm Mehl, 250 Gramm Zucker, vier Eier, 250 Milliliter Milch und ein Päckchen Backpulver. Verrühre die Zutaten miteinander, fülle die Masse in eine Form und stelle sie für eine Stunde in einen 180 Grad heißen Backofen.
Fertig! Der Algorithmus hat einen Kuchen gebacken.

Ein Algorithmus ist also eine automatisierte Anweisungsfolge, die bei den gleichen Eingangsvoraussetzungen (Mehl ist vorrätig, die Eier sind nicht verdorben etc.) immer das gleiche Ergebnis erzielt (einen Kuchen). In eine Programmiersprache gegossen heißt ein Algorithmus *Programm*. Das bringt den Vorteil mit sich, dass man dem Computer nicht immer neu erklären muss, was er tun muss, um einen Kuchen zu backen. Man muss einfach das Programm starten.

2. Algorithmen in der KI

Auch Künstliche Intelligenz basiert auf Algorithmen, denn auch KI-Anwendungen sollen fest definierte Aufgaben lösen. Die Besonderheit beim *Maschinellen Lernen*, auf dem ein Großteil der aktuellen Forschung in diesem Bereich beruht (und für das der Begriff *Künstliche Intelligenz* häufig als Synonym verwendet wird), ist jedoch, dass der Algorithmus die Abfolge der Lösungsschritte nicht kennt. Er findet seinen Weg zur Lösung ganz allein oder mit ein bisschen Starthilfe. Er lernt.
Um einen Kuchen zu backen, genügt es also, dem Algorithmus zu sagen: *Hier sind die Zutaten. Backe einen Kuchen!* Die KI muss sich alles erarbeiten: wie ein gelungener Kuchen aussieht, was die richtigen Zutaten sind, was Backen bedeutet, wie man einen Herd bedient, aber auch, mit welcher Kraft man eine Rührschüssel auf den Tisch stellen darf, ohne dass sie zerbricht.
Maschinelles Lernen wird möglich durch Rückkopplungen. Durch Rückmeldungen an sich selbst lernt die KI, wie sie beim Backen zum Erfolg kommt:
Oh, die Schüssel ist zerbrochen.
So wird das nix mit dem Kuchen.
Das nächste Mal mit weniger Wucht.

Versuch macht also klug. In den ersten Sitzungen der KI-Backschule werden viele Kuchen in der Tonne landen, doch später kann aus der KI durchaus ein guter Bäcker werden.
Die Fähigkeit zu Lernen ist wohl der Hauptgrund, warum KI-Systeme *intelligent* genannt werden. Weil Intelligenz aber eigentlich dem Menschen vorbehalten ist,

fand der Mathematiker John McCarthy im Jahre 1956 eine geniale Definition. Eine Künstliche Intelligenz könne, so McCarthy, „sich so verhalten, dass man dies intelligent nennen würde, wenn ein Mensch sich so verhielte".[5]

Diese Definition ist bis heute weithin akzeptiert.

3. Geschichte der KI

In dem Jahr, aus dem das obige Zitat kommt, fiel der Begriff Künstliche Intelligenz zum ersten Mal. Besagter John McCarthy, Mathematiker am Dartmouth College in New Hampshire, reichte im Sommer 1956 einen Förderantrag zu einem Sommercamp ein. Das *Dartmouth Summer Research Project on Artificial Intelligence*, das McCarthy mit einer Handvoll Kollegen durchführte, ist heute als *Dartmouth Conference* bekannt und gilt als die Geburtsstunde der KI. Im Antrag zu dem Projekt sparten die Wissenschaftler nicht an großen Worten: „Es soll versucht werden, herauszufinden, wie Maschinen dazu gebracht werden können, Sprache zu benutzen, Abstraktionen vorzunehmen und Konzepte zu entwickeln, Probleme von der Art, die zurzeit dem Menschen vorbehalten sind, zu lösen, und sich selbst weiter zu verbessern."[6]

Nun ist die Nutzung vollmundiger Worte in Förderanträgen nicht unüblich. Doch auch die allgemeine Begeisterung für Technik in den 1950er Jahren könnte Grund für McCarthys Wortwahl gewesen sein. Die ersten Fernsehgeräte standen in nordamerikanischen und europäischen Wohnzimmern, die

John McCarthy (2. v. r.), Marvin Minsky (Mitte) und weitere Teilnehmer
des Sommercamps am Dartmouth College

ersten Waschmaschinen in den Waschküchen, immer mehr Privatleute konnten sich Autos leisten, die Raumfahrtforschung machte deutliche Fortschritte. So waren auch die Erwartungen an die Künstliche Intelligenz enorm. Das während des Sommercamps vorgestellte Programm *Logic Theorist* konnte bereits mathematische Theoreme beweisen.[7] Die ein Jahr später realisierte Anwendung *General Problem Solver* sollte gar, so Übersetzung und Auftrag, grundsätzlich logische Probleme lösen können. Dazu zerlegte das Programm die Aufgabe in Teilprobleme und bearbeitete sie Schritt für Schritt.[8] Offenbar überzeugt von der Zukunft der Technologie, behauptete einer der Programmierer des General Problem Solvers, der Dartmouth-Teilnehmer und spätere Wirtschaftsnobelpreisträger Herbert Simon, innerhalb der nächsten zehn Jahre werde ein Computer Schachweltmeister werden.[9]

1965 prognostizierte er dann, Maschinen könnten innerhalb von 20 Jahren alles können, was Menschen auch können.[10]

Simon irrte gewaltig. Das Highlight der Basler Mustermesse 1985 war der erste Kaffee-Vollautomat.[11] Und bis zum ersten Computer, der einen menschlichen Schachweltmeister besiegen konnte, sollten 40 Jahre vergehen. Doch dazu später mehr.

4. KI-Winter

Nein, der Start der KI-Forschung verlief alles andere als glatt. Der General Problem Solver erfüllte die an ihn gestellten Erwartungen nicht. Probleme der *echten Welt* stellten sich für die Maschine als zu komplex dar. Wenn es um klar definierte Aufgabenstellungen ging wie bei der Integralrechnung oder geometrischen Fragestellungen, gab es in den Anfängen der Forschung in den frühen 1960er Jahren durchaus einige Erfolge.[12] Aber Systeme, die komplexe Eingaben automatisch und schnell analysieren und zu einer Lösung bringen konnten, wie es das menschliche Gehirn kann, schienen in weiter Ferne.

Ernüchterung machte sich breit. Der Wunsch des US-Militärs, Dokumente des Erzfeindes Russland automatisch von Computern übersetzen zu lassen, wurde 1966 begraben. Ein unabhängiges Komitee hätte damals festgestellt, Computer seien als Dolmetscher teurer, weniger genau und langsamer als menschliche Übersetzer.[13] Über 20 Mio. Dollar waren zum Ende des Projekts sprichwörtlich in den Sand gesetzt worden.[14]

In Großbritannien kam das vorläufige Aus für die KI im Jahre 1973, als der *Lighthill Report* dem Parlament vorgestellt wurde. Der Mathematiker James Lighthill fällte darin ein niederschmetterndes Urteil über die KI-Forschung: „Die meisten Forscher in der KI und angrenzenden Disziplinen gestehen Enttäuschung über das, was in den letzten 25 Jahren erreicht wurde. Forscher schlossen sich 1950, sogar noch 1960, dieser Disziplin mit großen Erwartungen an, die 1972 von ihrer Verwirklichung noch sehr weit entfernt sind. In keinem Teilbereich der Disziplin brachten die bisherigen Entdeckungen den großen Durchbruch, der damals in Aussicht gestellt wurde."[15]

Nach dem Report fror das Parlament die britische KI-Forschung weitestgehend ein, nur noch zwei Universitäten bekamen weiterhin Fördergelder.[16]

Ein weiteres Projekt des US-Militärs endete 1976. Das Forschungsinstitut des Pentagon (DARPA) beendete das *SUR-Project* (Speech understanding Research = Spracherkennungs-Forschung), eine Partnerschaft u. a. mit IBM und der Carnegie Mellon-Universität in Pennsylvania, in die über fünf Jahre jährlich 3 Mio. Dollar geflossen waren. Der Grund für das Aus: Mangelnde Forschungserfolge. Für das Erkennen von 30 Sekunden Sprache benötigten die Computer bis zu 100 Minuten.[17]

Die Ziele der KI-Forschung waren in den ersten Jahrzehnten einfach zu hoch gesteckt. Sie waren zu hoch für die noch unerfahrenen Programmierer, die damals natürlich ausschließlich Mathematiker waren, vor allem aber zu hoch für die zur Verfügung stehende Technik. Die Recheneinheiten der ersten Computer basierten auf Röhren oder Transistoren, die für vergleichsweise

wenige Rechenschritte pro Sekunde viel Platz und große Mengen an Energie benötigten. Doch auch nach der
Einführung von Mikroprozessoren Anfang der 1970er[18]
blieb Computertechnik ein aufwendiges Forschungsgebiet. Der an der Carnegie Mellon-Universität in den
1970ern zur Spracherkennung eingesetzte Computer
IBM 370/168 kostete satte 4 Mio. Dollar. Dafür bekamen
die Wissenschaftler einen schrankgroßen Rechenka-
sten mit einem Arbeitsspeicher von 4 Megabyte und
eine Festplatte mit maximal 200 Megabyte Speicher-
kapazität, die allein mit mindestens 74.000 Dollar zu
Buche schlug.[19]

Mit den Rückschlägen in der Forschung der 1960er und
1970er Jahre schlief auch der Hype um die KI ein. Der
KI-Winter war angebrochen.
Ein weiterer Grund für die weltweite Ernüchterung war
das Fehlen einer Eigenschaft, die auch für menschliches Lernen elementar ist: Fehler zu erkennen und zu
analysieren. Erst in den 1980ern sollte die *Backpropagation* Einzug in die KI-Forschung halten. Man kann
sich das Verfahren als eine Art Feedbackschleife für
Neuronale Netze vorstellen, auf denen die meisten KI-
Systeme damals beruhten – und auch heute beruhen.
Ein Neuronales Netz ist ein von einem Computer si-
muliertes Geflecht von Knotenpunkten, ganz ähnlich
den Neuronen im menschlichen Gehirn. Vereinfacht
gesagt, wird die vom Algorithmus zu erfüllende Aufgabe über dieses Raster geschickt. Wenn das System
merkt, dass ein eingeschlagener Weg nicht näher an
das vorgegebene Ziel des Algorithmus heranführt,
gibt die Backpropagation den Fehler an die Neuronen

zurück, die ihn verursacht haben. Der Algorithmus merkt sich die Fehlerquelle und *lernt* diese beim erneuten Durchschreiten des Netzes zu umgehen. Schließlich findet er den bestmöglichen Weg, der im Optimalfall dem Ziel des Algorithmus entspricht.[20] Doch auch die Backpropagation führte nicht unmittelbar zum Tauwetter im KI-Winter. Denn die extrem teure und extrem langsame Technik konnte das noch nicht leisten, was den neuronalen Lernprozess erfolgreich gemacht hätte: viele Trainingsdurchläufe. Auch am Trainingsmaterial, sprich Datensätzen, mangelte es. Die Zeit war einfach noch nicht reif.

Zudem geriet der Begriff Intelligenz, mit dem sich die Forschungsrichtung seit Dartmouth schmückte, früh in die Kritik. Der deutschstämmige Computerwissenschaftler Joseph Weizenbaum hatte 1965 ein Programm namens *ELIZA* geschrieben, das Gespräche simulieren konnte. ELIZA – heute würden wir sie einen *Chatbot* nennen – stellte Fragen, die ein vor dem Rechner sitzender Mensch beantworten musste. Ein kleiner Auszug aus einem *Gespräch*, in dem ELIZA eine Psychotherapeutin simuliert:

„Welche Personen erscheinen in Ihren Träumen?"
„Meine erste Freundin."
„Ihre Freundin?"
„Ja."
„Fahren Sie fort."
„Mein Vater mochte sie nicht…"
„Verstehe."
„Ehrlich gesagt… Ich habe meinen Vater erschossen!"
„So, haben Sie."

„Und ich habe die Leiche verschwinden lassen."
„So?"
„ICH HABE DIE LEICHE VERSCHWINDEN LASSEN!"
„Das sagten Sie bereits."

Ob diese Art Konversation nun etwas über die Professionalität damaliger Programmierer oder diejenige damaliger Psychologen aussagt – viele Probanden gaben nach dem *Gespräch* an, ELIZA für einen echten Menschen gehalten zu haben. Den so genannten Turing-Test, der dann als bestanden gilt, wenn Menschen das Handeln eines Computers nicht von dem eines Menschen unterscheiden können[21], meisterte ELIZA also. Es dauerte nicht lange, bis sich *echte* Psychologen für ELIZA interessierten, sehr zum Erstaunen ihres Programmierers. Joseph Weizenbaum war verwundert, dass ein simpler Programmcode tatsächlich für Intelligenz gehalten wurde. In seinem Buch *Die Macht der Computer und die Ohnmacht der Vernunft* schildert er die Reaktionen auf ELIZA: „Es kam oft vor, dass die Leute um die Erlaubnis baten, sich mit dem System ungestört unterhalten zu dürfen, und trotz meiner Erklärungen bestanden sie nach der Unterhaltung darauf, die Maschine habe sie wirklich verstanden."[22]

Weizenbaum wurde in späteren Jahren ein kritischer Begleiter der Forschung an Künstlicher Intelligenz. Er starb 2008 – sechs Jahre, bevor die KI *Karim* in libanesischen Flüchtlingslagern die Nachfolge von ELIZA antreten sollte. Die von der NGO *Field Innovation Team* mit entwickelte KI half dort bei der psychotherapeutischen Erstanalyse syrischer Flüchtlinge – offenbar erfolgreich.[23]

Anfang der Achtzigerjahre des vergangenen Jahrhunderts sorgten *Expertensysteme* für Tauwetter im KI-Winter – manche sprechen sogar von seiner Unterbrechung.[24] Den Lehren aus dem Scheitern von KI als universeller Problemlöserin Rechnung tragend, wurden den Computern nun Regeln und Fachwissen aus engen Spezialgebieten beigebracht, z. B. der Medizin oder der Chemie. Neuronale Netze kamen bei der regelbasierten, so genannten *symbolischen KI*, nicht zum Einsatz. Doch die Spezialmaschinen waren teuer, gerade angesichts der viel breiter aufgestellten Universalcomputer, die ab Mitte des Jahrzehnts von Sun, Apple oder IBM auf den Markt gebracht wurden. Auch die Verheißungen der neu erfundenen Backpropagation für das Maschinelle Lernen trugen dazu bei, dass der Markt für die nach bloßem Datenbankwissen funktionierenden Expertensysteme 1987 kollabierte.[25] Der Winter wurde wieder kälter.

Das Ende des KI-Winters wird oft im Jahre 1996 gesehen, als IBMs Großrechner *Deep Blue* Schachweltmeister Garri Kasparow besiegte. Diese Zuschreibung ist insofern paradox, als dass Deep Blue zwar ein außergewöhnlicher Computer war – konnte er mit seinen 216 Prozessoren doch bis zu 100 Mio. Schachzüge pro Sekunde berechnen[26] – aber der Superrechner basierte nicht auf Künstlicher Intelligenz. Auch wenn Kasparow beim Superrechner intelligentes Handeln beobachtet haben will (er meinte damit allerdings menschliches Einmischen in den Algorithmus), machte IBM klar, was Deep Blue nicht ist:

„Deep Blue, so wie er heute ist, ist kein lernendes System. Es ist deshalb nicht in der Lage Künstliche Intelligenz zu benutzen, um von seinem Gegner zu lernen oder über die aktuelle Position auf dem Schachbrett nachzudenken".[27]

5. Frühlingserwachen im 21. Jahrhundert

Das *Moore'sche Gesetz*, nach der sich die Zahl der Transistoren in einem Chip – und damit die Leistungsfähigkeit – jedes Jahr verdoppelt, führte im frühen 21. Jahrhundert zu einem KI-Frühling. Das neue Jahrtausend brachte endlich das, was den Wissenschaftlern bislang am dringendsten gefehlt hatte: Jede Menge Daten und jede Menge Computerpower, um damit etwas *Intelligentes* anstellen zu können.

Über das Internet stand den Maschinen nun ein schier unbegrenzter Schatz an Texten, Bildern und Videos zur Verfügung, anhand derer die lernenden Systeme trainiert werden konnten. Dazu konnten immer kleiner werdende Sensoren die Algorithmen mit jeder Menge Input versorgen. Die fortschreitende Leistungssteigerung und Miniaturisierung von Chips, die sich auf dem Endverbrauchermarkt in Gestalt von MP3-Playern, Kamerahandys oder digitalen Organizern zeigte, und eine binnen einem Jahrzehnt vertausendfachte Speicherleistung bescherte auch den KI-Forschern ganz neue Möglichkeiten. Die Entwicklung beschleunigte sich in so hoher Geschwindigkeit, dass an dieser Stelle nur einige wenige Meilensteine erwähnt werden können. Einer davon ist *Roomba*. Der 2002 auf den Markt gekommene Staubsaugerroboter konnte mithilfe von Sensoren und einfachen Algorithmen bereits Wände und Treppen erkennen und so ohne Stürze und Beschädigungen autonom die Fußböden säubern.[28] Das ist zugegebenermaßen weit entfernt von den Ambitionen der KI-Pioniere mit ihrem General Problem Solver, aber immerhin *funktionierte* das autonome Staubsaugen. KI war im Wohnzimmer angekommen. Sich selbst kontrollierende Systeme zu fördern, lag auch im Interesse der Pentagon-Einrichtung DARPA, die ab 2004 mit den *Grand Challenges* Wettbewerbe für selbstfahrende Automobile ausrichtete – wenn auch im ersten Jahr keines der teilnehmenden Fahrzeuge das Ziel erreichte.[29] Weiter waren da schon *Spirit* und *Opportunity*, zwei unbemannte Roboter, die die NASA im gleichen Jahr für eine Erkundungstour auf den Mars schickten. Der seit dem Jahre 2000 von Honda entwickelte *humanoide* (am menschlichen Körper angelehnte) Roboter *ASIMO* konnte im Jahre 2005 bereits wie ein Mensch rennen, Treppenstufen laufen oder Getränke austeilen. 2009 stieg auch Google in das Autonome Fahren ein – mit dem Ziel, bis 2020 ein komplett autonom fahrendes Auto zu konstruieren.[30] Wie wir heute wissen, war das ein ziemlich realistisches Ziel – zumindest im Vergleich mit Herbert Simons Blick in die Glaskugel.

6. Spielrausch seit 2010

Im zweiten Jahrzehnt des neuen Jahrtausends explodierte die Zahl der KI-Anwendungen förmlich. Meldete Google im Jahre 2010 nur ein Patent zum Maschinellen Lernen an, waren es 2016 99. IBM brachte es 2017 gar auf 1.400 KI-Patente.[31] Der Boom hat zweifellos zum einen mit der weiter gestiegenen Leistungsfähigkeit zu tun, die das Moore'sche Gesetz lange hinter sich gelassen hat. Laut der NGO *OpenAI* hat sich die Leistung von Computersystemen zwischen 2012 und 2017 um den Faktor 300.000 gesteigert, was einer Verdoppelung innerhalb von dreieinhalb Monaten entspricht.[32] Ein anderer Grund ist, dass KI mit dem neuen Jahrzehnt in den Blick der Öffentlichkeit geraten ist. In den letzten Jahren ist die Künstliche Intelligenz zu einem Topthema auf Elektronikmessen, dem Buchmarkt und in den Medien geworden. In den 90 Tagen vor dem Schreiben dieses Absatzes, also von Mitte August bis Mitte Oktober 2018, hat Amazon rund 130 KI-Bücher ins Sortiment aufgenommen. Einige Forscher sprechen gar von einem neuen Hype und warnen, die überzogenen Erwartungen an Künstliche Intelligenz könnten zu einem zweiten KI-Winter führen.[33] Der Autor dieses Textes hält dieses Szenario für unwahrscheinlich. Zum einen sind heute, anders als in den 1960er Jahren, vielfältige KI-Anwendungen im Einsatz – weder die Industrie noch die Wissenschaft, das Militär oder die Endverbraucher wollen auf die Vorzüge verzichten, die die Technologie schon heute bringt. Zum anderen wird mit ihr ein Haufen Geld verdient, auf den die Hersteller von Anwendungen wohl kaum werden verzichten wollen.

Doch selbst wenn die Prognose stimmt und ein neuer Winter bevorsteht, haben die Menschen mit den KI-Systemen in den letzten Jahren viel Spaß gehabt. Denn sie haben gespielt.

2011 gewann IBMs Großrechner *Watson* das US-TV-Quiz *Jeopardy*. In dem populären Ratespiel, bei dem anhand einer Aussage die dazugehörige Frage gestellt werden muss, verwies der Supercomputer zwei mehrfache Jeopardy-Champions auf die Plätze.[34] Im Blick auf die reine Informationsgeschwindigkeit überrascht das nicht, immerhin konnte Watson mit seinen kombinierten 315 Gigahertz Rechengeschwindigkeit umgerechnet 1 Mio. Bücher pro Sekunde lesen, die er in seinem 16 Terabyte großen Arbeitsspeicher abgelegt hatte.[35]
Doch was Watson aus Sicht der KI-Forschung interessant macht, ist die Spracherkennung. Immerhin konnte der Computer die Aufgabe, die der Moderator ihm und seinen Kontrahenten gestellt hatte, verstehen, die Lösung in seiner riesigen Datenbank zusammensuchen und die Antwort geben. Und das nahezu in Echtzeit – schneller auf jeden Fall, als die Synapsen in den Köpfen seiner menschlichen Mitspieler dazu in der Lage waren.

Wenige Monate nach Watsons Erfolg startete Apple seinen Sprachassistenten *Siri*, der erstmals auf dem – im Vergleich zu Watson natürlich deutlich leistungsärmeren – *Iphone 4S* installiert war, aber (einfache) Sätze (in ruhiger Umgebung) (mit ein bisschen Bedenkzeit) dennoch erstaunlich gut verstand.[36] Bis ins Jahr 2011 hatten Endverbraucher höchstens an Telefonhotlines mit Sprachcomputern zu tun gehabt, die nicht den leisesten Anschein von Intelligenz erweckten. Leider konnten Watson und Siri die Ära des *Ich habe Sie leider nicht verstanden* bis heute nicht beenden. Doch was nicht ist, kann ja noch werden. Die Spracherkennung ist jedenfalls, wie wir später noch sehen werden, eines der intensivsten Forschungsgebiete im Bereich der Künstlichen Intelligenz.

Doch zurück zum Spiel. 2015 betrat *DeepMind* die KI-Bühne. Die heute zu Googles Mutterkonzern *Alphabet* gehörende britische Softwareschmiede hatte den Algorithmus *Deep-Q* programmiert, der sich selbst in wenigen Stunden 49 Titel der Spielekonsole Atari 2600 beigebracht hatte. Eine Datenbank mit klugen Spielstrategien oder ein menschliches Vorbild, bei dem er lernen konnte, hatte Deep-Q nicht. Alles, was ihm mitgeteilt wurde, waren die Anordnung der Pixel auf dem Bildschirm und die Punktezahl. Nach einer Nacht war Deep-Q im Spieleklassiker *Breakout* stärker als jeder Mensch.[37] (Den Autor dieses Textes schaudert es bei dem Gedanken daran, dass ein Baby am Tag nach seiner Geburt ein unschlagbarer Profizocker ist.)
2016 legte Deepmind nach. Die Entwickler hatten dem KI-Programm *AlphaGo* das Brettspiel Go beigebracht. Das Neuronale Netz in AlphaGo verstand das in Asien beliebte Spiel so gut, dass der südkoreanische Go-Champion Lee Sedol im März 2016 gegen den hochspezialisierten Computer keine Chance hatte. Das System gewann vier von fünf Spielen.[38] Go gilt als höchst komplexes Spiel, weil es unglaublich viele Kombinationen gibt: Die Anzahl möglicher Spielsituationen ließe sich

mit einer 2 mit 170 Nullen beschreiben.[39] Hier bringt die größte Computerpower nichts: Alle möglichen Züge durchzurechnen, wie es Deep Blue beim Schach gegen Kasparow gemacht hat, schafft nicht mal ein Superrechner aus dem Jahre 2019. Menschliche Spieler setzen beim Go deshalb auf ihre Intuition. Und das tat AlphaGo offenkundig auch.

Im Folgejahr erklomm eine KI eine weitere Bastion: das Pokerspiel. Das an der Carnegie Mellon University entwickelte System *Libratus* gewann in einem Casino in Pittsburgh innerhalb von 20 Tagen gegen vier menschliche Pokerprofis.[40] Das Besondere an dieser Leistung ist die Kalkulation mit der Ungewissheit. Ist beim Schach, bei den Konsolenspielen und selbst beim Go die Ausgangslage für den nächsten Zug klar – eine bestimmte Anordnung von Steinen oder Figuren auf dem Spielbrett oder Monitor – liegt die Anordnung der Karten beim Poker im Dunkeln. Noam Brown, Mitentwickler von Libratus, folgert daraus: „Poker stellt eine deutlich größere Herausforderung als diese Spiele dar, da die Maschine extrem komplizierte Entscheidungen treffen muss, ohne über alle Informationen zu verfügen. Gleichzeitig muss sie mit Bluffs, Slowplays und anderen Tricks arbeiten, um für den menschlichen Spieler unlesbar zu bleiben."[41]
Trotz unvollständiger Informationen Entscheidungen treffen zu können, macht Libratus auch für andere Anwendungsbereiche interessant. Sein Algorithmus könne, so die Entwickler, beispielsweise bei der Suche nach Arzneimitteln gegen resistente Keime helfen.[42] Andere Verwendungszwecke für ihre Algorithmen haben

augenscheinlich auch die Deepmind-Programmierer gesucht. *Wenn unser Go-Algorithmus schon besser ist als ein Mensch*, könnten sie sich gedacht haben, *dann machen wir ihn doch einfach besser als er selbst*! So könte das System *AlphaGo Zero* entstanden sein, das im Herbst 2017 vorgestellt wurde. Anders als ihrem Vorgänger wurde der KI Go nicht beigebracht, sondern ihr wurden lediglich die Spielregeln erklärt. AlphaGo Zero fing daraufhin an, gegen sich selbst zu spielen – und verbesserte ihre Fähigkeiten minütlich. Nach 36 Stunden war sie bereits besser als die Vorgängerversion, die im Vorjahr Lee Sedol geschlagen hatte. Nach 72 Stunden und 4,9 Millionen simulierten Spielen ließen die Entwickler schließlich AlphaGo Zero gegen AlphaGo antreten. Die Neuentwicklung gewann 100 von 100 Spielen.[43]

Watson, Deep-Q, AlphaGo, Libratus und AlphaGo bewegen sich weit jenseits menschlicher Spielkunst. Doch weshalb sind Spiele für die KI-Forschung so wichtig? Sie behandeln Probleme, die in durch Regeln definierten engen Bahnen mit letztlich begrenzten Möglichkeiten, also Spielpositionen oder -zügen, zu lösen sind. Der eingesetzte Algorithmus muss einfach nur einen Weg durch *alle* Möglichkeiten hin zur *besten* Möglichkeit finden. Dabei kann er alle in Frage kommenden Spielzüge tausend-, ja millionenfach simulieren. Darin liegt der Vorteil von Spielen: Die echte Welt kann man nicht simulieren. Bei der Bäcker-Analogie vom Anfang mögen einige hundert misslungene Kuchen akzeptabel sein. Doch wer wünscht sich ein selbstfahrendes Auto, das zwar alle Verkehrsregeln kennt und blitzschnell lernt, aber noch nie einen Passanten gesehen hat?

Angesichts der Meilensteine in der KI-Entwicklung der vergangenen Jahre mag der Begriff befremdlich wirken, aber alle hier aufgeführten Anwendungen sind Beispiele für *Schwache Künstliche Intelligenzen*. Sie sind darauf programmiert, *eine* konkrete Aufgabe zu lösen. Eine *Starke KI* hingegen agiert auf mehreren oder allen Feldern, die beim Menschen Intelligenz voraussetzen, souverän.[44]

Doch so weit sind wir noch nicht – weder in den Forschungslaboren noch in diesem Essay. Im Kapitel VI kommen wir auf die Starke KI zurück.

7. Wie funktionieren Neuronale Netze?

Die meisten Forschungsansätze dieser Tage basieren auf dem bereits erwähnten Maschinellen Lernen in Neuronalen Netzen. Konkret kommen hier tiefe, also komplexe, Neuronale Netze zum Einsatz, weshalb auch von *Deep Learning* die Rede ist.[45]
Ein System, bei dem Deep Learning zum Einsatz kommt, kann anhand von Beispielen lernen, die ihm die menschlichen Trainer zeigen. Tiefe Netzwerke können aber auch ohne diese Art der Starthilfe lernen, indem sie die Erkenntnisse alleine aus den Daten gewinnen. Beide Ansätze, das *überwachte* und *unüberwachte Lernen*, kommen in heutigen Anwendungen zum Einsatz. Neuronale Netze lehnen sich an die Arbeitsweise des menschlichen Gehirns an. So werden in einem KI-Computer Neuronen simuliert, die – wie im Gehirn – mit anderen Neuronen in Kontakt stehen. Funktioniert ein Lösungsweg, wird die Verbindung zwischen den Neuronen stärker, ebenso wie die synaptischen Verbindungen im Gehirn gestärkt werden, wenn es lernt. In heutigen künstlichen Neuronalen Netzen gibt es mehrere Schichten. Je mehr Schichten ein Netz hat, desto *tiefer* ist es, desto *deeper* ist das *Learning* – und desto leistungsfähiger ist das System, in dem es zum Einsatz kommt. Wir hatten es in den bisher betrachteten Beispielen schon gesehen: *Leistung* heißt bei KI fast immer, Muster und Strukturen in einem unübersichtlichen Berg von Informationen und Möglichkeiten zu erkennen und sie so zu ordnen, dass das gewünschte Ergebnis herauskommt. Die verschiedenen Schichten des Netzes können wir uns dabei als immer feiner werdende

Siebe vorstellen, die letztlich immer näher ans Ziel heranführen.

Lautet die Aufgabe beispielsweise (wie in der nebenstehenden Grafik illustriert), ein Objekt auf einem Bild zu erkennen und zu klassifizieren, erkennt die erste Schicht des Netzwerks helle und dunkle Bildteile (eigentlich müsste hier ein Konjunktiv stehen, denn was genau die Schicht macht, weiß man nicht so genau. Wir kommen noch darauf zurück und genehmigen uns bis dahin den Indikativ). Die Information über Hell und Dunkel gibt die vorderste Schicht an die nächste Schicht weiter. Diese erkennt dann Konturen in dem vordefinierten Objekt, die dritte wiederum Kontraste, die vierte Formen usw. Im hinteren Teil der Schichtenreihe kann der Algorithmus die weißen Elemente im oberen Teil des Objekts als Zähne klassifizieren, das weiße Fell an den vier unteren Körperteilen als Pfoten und er kann diese mit der Objektgröße abgleichen. Schließlich weiß der Algorithmus: Das ist ein Hund. Das funktioniert gut, wenn seine Programmierer ihm vorher gute und möglichst viele Trainingsbilder von Hunden gezeigt haben. Wenn der Algorithmus *unüberwacht* abläuft, weiß er nach einigen Durchläufen zwar, dass das Objekt die gleichen Kriterien aufweist wie ein vorheriges – dass es sich in beiden Fällen um Hunde handelt, aber freilich nicht. Diese Methode kommt zum Einsatz, wenn die Programmierer die Daten noch nicht kennen und dementsprechend auch keine Klassifikation vornehmen können.

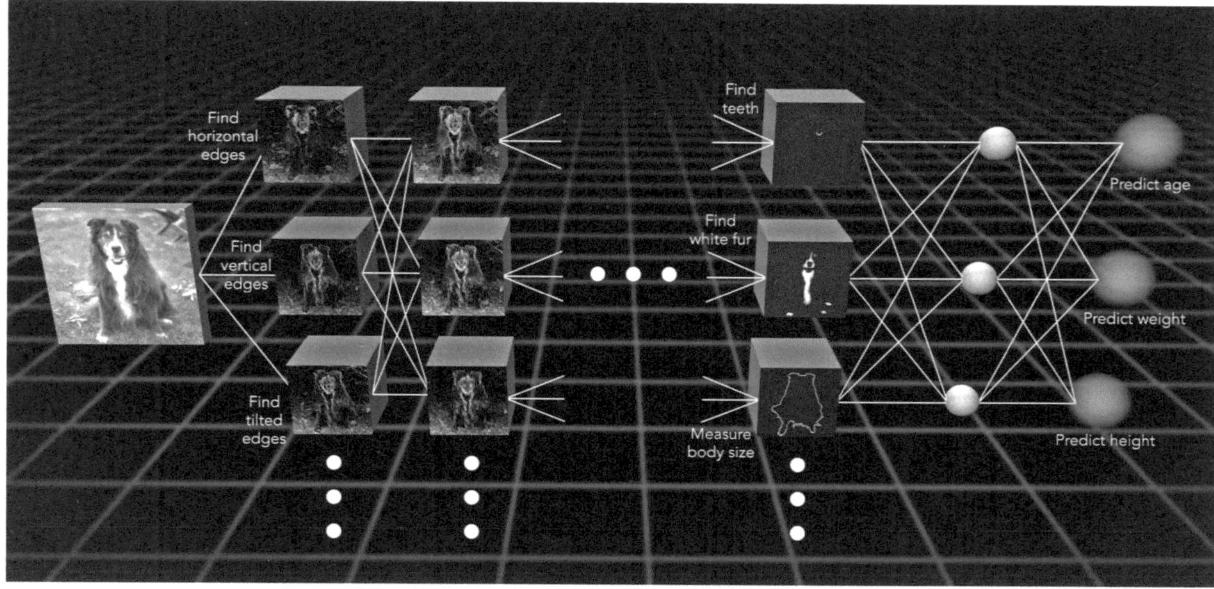

Find horizontal edges
Find vertical edges
Find tilted edges
Find teeth
Find white fur
Measure body size
Predict age
Predict weight
Predict height

Heutige Deep Learning-Netzwerke bestehen aus bis zu 1000 Schichten, auf denen bis zu 160 Milliarden Neuronen Platz finden[46]. Das menschliche Gehirn besitzt hingegen *nur* 86 Milliarden Neuronen[47]. Dennoch ist es künstlichen Netzen in vielen Punkten überlegen. Ohne die in den kommenden Kapiteln dieses Essays geplanten Überlegungen zum Verhältnis von Mensch und KIs vorwegzunehmen, seien zwei Trümpfe natürlicher Intelligenz hier schon genannt:

KIs benötigen viel Trainingsmaterial und viele Trainingsdurchläufe, bevor sie zu genauen Entscheidungen kommen. Kleinkinder entwickeln hingegen nach dem Betrachten weniger Bilder in Bilderbüchern und Spielen ein Konzept von, sagen wir, einer Katze. Sie wissen, um welches Tier es sich handelt, wenn sie eine echte Katze sehen – eine phänomenale Leistung, die technisch nachzubilden bislang absolut unmöglich scheint. Eine Erklärung gibt die US-Lerntheoretikerin Alison Gopnik in einem Gastbeitrag für die *Süddeutsche Zeitung*. Ihr zufolge saugen Kinder nicht nur Datenmengen auf, wie es die KI tut, sondern lernen aktiv, sprich: durch Neugier.[48]

Zudem benötigen leistungsfähige Neuronale Netze viel Energie. AlphaGo hat sich im Jahr 2016 beispielsweise 1 Megawatt Strom genehmigt und mehrere Servertürme in Anspruch genommen[49], während das Gehirn von Lee Sedol (wie unseres auch) mit 20 Watt arbeitet und in einen Kopf passt. Doch auch dieser ungeheure Effizienzvorteil brachte dem Südkoreaner nicht den Sieg.

Selbst wenn die bis zu dieser Stelle erwähnten Künstlichen Intelligenzen in der Regel aus einem Verbund

von Prozessoren in großen Serverschränken bestehen, lassen sich Neuronale Netze grundsätzlich auch
auf handelsüblichen PCs programmieren. Selbst in
Smartphones finden sich heutzutage Chips, die für das
Maschinenlernen optimiert sind.[50]

Je vielfältiger die Umgebungen sind, in denen smarte
Algorithmen heute zum Einsatz kommen, desto mehr
gerät das durch Hollywood geprägte Bild ins Wanken,
nach dem Künstliche Intelligenzen einen *Roboterkör-
per* haben müssen wie C3PO, der Terminator oder die
Replikanten aus *Blade Runner*. Nein – was wir *KI* oder
Deep Learning oder *Machine Learning* nennen, sind zu-
meist Computerprogramme. Nicht immer sichtbar,
aber bereits heute tief verwurzelt in unser aller Leben.

III. Die Gegenwart mit KI

1. Vorbemerkungen

Nicht alle KI-Entwicklungen der letzten Jahre haben so eine Öffentlichkeit genossen wie die zockenden Supercomputer. Viele blieben tatsächlich unsichtbar. Allein der Google-Mutterkonzern Alphabet brachte dem Entwickler Jeffrey Dean zufolge zwischen 2013 bis 2015 47 Produkte auf KI-Basis heraus – doch in vielen Fällen gab es dazu nicht einmal eine Meldung auf dem Produkt-Blog der Unternehmens.[51] Tatsächlich basieren viele Apps, Internetanwendungen und elektronische Geräte, die wir heute nutzen, auf KI-Algorithmen – ohne dass wir uns dessen bewusst sind.

Auch in Unternehmen kommt die neue Technologie weitgehend unbemerkt zum Einsatz: Gab im Jahre 2015 nur jedes zehnte Unternehmen an, Prozesse intelligent steuern zu lassen, ist es jetzt mehr als jedes dritte.[52] KI ist im Jahre 2019 Realität geworden. Das Bonmot des 2011 verstorbenen Dartmouth-Veteranen John McCarthy scheint heute treffender zu sein als je zuvor: „Sobald etwas funktioniert, nennt es keiner mehr KI."[53] Die folgenden Absätze sollen einen Überblick darüber geben, in welchen Bereichen uns Künstliche Intelligenz 63 Jahre nach McCarthys Sommercamp begegnet – sichtbar oder unsichtbar.

2. KI für Konsumenten

Sprechende und Sprache verstehende Elektronikgeräte sind möglicherweise die ersten Assoziationen, die der Begriff *Künstliche Intelligenz* hervorruft. Immerhin jeder fünfte Internetnutzer nutzt bereits Apples Assistenten *Siri*, Amazons *Alexa*, Microsofts *Cortana* oder Googles Produkte *Assistant* oder *Home*.[54] Zweifellos ist es komfortabel, wenn das Smartphone auf Zuruf die Lieblingsmusik abspielt, der *Smart Speaker* die Nachrichten vorliest oder Windows' Sprachassistent Cortana automatisch etwas im Web nachschlägt – dieses sind die meistgenutzten Funktionen von Sprachassistenten.[55] Doch wir ahnen es: Das intelligenteste an diesen Diensten ist die Spracherkennung. War Siri im Jahr ihrer Einführung 2011 noch etwas schwer von Begriff, ist die Fähigkeit Sprache und andere Geräusche auszuwerten heute so weit, dass damit theoretisch eine akustische Vollüberwachung möglich ist – mit all ihren, vor allem datenschutzrechtlichen, Risiken.[56]
Die Fortschritte in der Worterkennung sind vor allem auf Deep Learning zurückzuführen. Die Einführung tiefen Lernens bei Siri im Jahre 2014 konnte die Fehlerquote in der Worterkennung um 25 Prozent senken. Google spricht gar von 30 Prozent weniger Fehlern nach Aktivierung der KI-Algorithmen. Und Microsoft behauptete bereits im Oktober 2016, seine Neuronalen Netze, die sich beispielsweise im Sprachassistenten Cortana wiederfinden, könnten Sprache genauso gut erkennen wie Menschen.[57]
Man könnte sagen: Deep Learning hat Sprachassistenten *intelligent* gemacht. Die Fähigkeit tiefer Neuronaler

Netze zur Mustererkennung gibt den Anwendungen die Möglichkeit, Sprache besser von Hintergrundgeräuschen zu trennen. Auch ähnlich klingende Laute, die mit bisherigen Verfahren nur schwer auseinanderzuhalten waren, können nun im Zusammenhang mit anderen Lauten analysiert und so korrekt erkannt werden.[58] Die Netze sind zudem vortrainiert, sie müssen also nicht bei der ersten Aktivierung mit dem Lernen bei null anfangen. Nicht einmal eine Internetverbindung, die die Sprachbefehle auf Großrechnern in der Cloud auswertet, ist unbedingt vonnöten.[59] In vielen Fällen läuft das ganze Netz auf dem Smartphone oder dem Smart Speaker.

Datensätze, mit deren Hilfe die Netze effektiv vorab trainiert werden können, finden die Programmierer im Internet zuhauf: Um an Hintergrundgeräusche zu kommen, hat sich Google beispielsweise an Youtube-Videos bedient. Und auch nach Übungsmaterial für die Aussprache musste der Konzern nicht lange suchen. Die Datenkrake hat einfach drei Millionen vorherige Spracheingaben von Google-Nutzern verwendet – mit insgesamt 2.000 Stunden Sprechzeit kann man ein Neuronales Netz schon ziemlich fit machen.[60]

Es ist enorm, wie gut Smartphones, Computer und die smarten Lautsprecher heute Sprache verstehen. Doch wer schon einmal versucht hat, ein richtiges Gespräch mit seinem Google Home, mit Siri oder einem anderen Sprachassistenten zu führen, wird mit dem Begriff *smart* oder gar *intelligent* vorsichtig sein. Mit Nachfragen können die Systeme in der Regel nicht umgehen, sodass eine halbwegs gesittete Konversation schlechterdings nicht möglich ist. Aber ist die zum Steuern einfacher

Funktionen nötig? Wohl kaum ein Mensch schafft sich ein Smartphone oder einen Smart Speaker an, um gemeinsam mit dem Gerät zu philosophieren.

Wobei das durchaus möglich ist. Den Beweis hat der israelische IBM-Ableger im Juni 2018 mit dem *Project Debater* angetreten. Der auf einem Neuronalen Netz basierende Computer trat im Debattieren gegen einen Menschen an – und erzielte immerhin ein Patt.[61] Die Motivation seiner Entwickler zielt aber über solche Showkämpfe hinaus (und über Fachthemen wie die Weltraumforschung, um die es in der Debatte ging). Ziel des Projekts, so schreibt IBM auf der Projekthomepage, seien einseitige und verfälschte Narrative im Netz: „Neue KI-Ansätze auf dem Gebiet der Sprache und der Argumentation können Licht in die Dunkelheit verzerrter Fakten bringen und unterschiedliche, begründete Standpunkte liefern – auf der Pro- und Contraseite."[62]

Soweit sind Alexa, Cortana und Googles Sprachassistent noch nicht – und vermutlich sehen die Konsumenten in den Geräten auch weniger einen furchtlosen Ritter im Kampf gegen Verschwörungstheorien als ein smartes Helferlein fürs Haus oder die Hosentasche. Nicht vergessen werden sollten die Erleichterungen im Alltag, die die Sprachhelfer älteren oder körperlich eingeschränkten Menschen bieten. Doch der Einzug der Produkte in das Leben der Konsumenten hat auch kuriose Folgen. So hat Alexa einem kleinen Jungen namens William statt dem gewünschten Kinderlied „Digger, Digger" (engl. für „Bagger") einen Pornokanal zum Abspielen angeboten.[63] Die 6-jährige Brooke aus Dallas bat Alexa, ihr ein Puppenhaus zu kaufen, was der

Sprachassistent denn auch tat – und Brookes Eltern 170 US-Dollar für das Spielzeug berechnete, zusätzlich zu den 2 Kilo Keksen, die das Mädchen ebenfalls bestellt hatte.[64] Als ein TV-Sender über die Story berichtete, sagte der Morgenshow-Moderator: „I love the little girl, saying 'Alexa ordered me a dollhouse'". Darauf reagierten hunderte Alexas in den Wohnzimmern der Fernsehzuschauer und bestellten ebenfalls Puppenhäuser.[65] Amazon wird in den Folgetagen mit einigen Retouren zu schaffen gehabt haben.

Der einjährige Joe Brady aus England hat ebenfalls mit Amazons Sprachassistent gesprochen, und zwar bevor er überhaupt richtig sprechen konnte. Sein erstes Wort nämlich war nicht „Mama" oder „Papa", sondern tatsächlich: „Alexa". Die Erklärung seiner Mutter: „Das [Gerät] war eins der wenigen Dinge, das auf ihn reagiert hat."[66] Kein weiterer Kommentar.

Bei der Verbreitung der Sprachassistenten setzen Google und Amazon nicht nur auf ihre eigenen Geräte und Apps, sondern vor allem auf das Netzwerk, das sie in den letzten Jahren in die Heim- und Unterhaltungselektronik hinein gesponnen haben. Viele *Smart Home*-Produkte haben einen der beiden Sprachassistenten integriert. Es gibt Fernseher, die sich per Stimme bedienen lassen, Glühbirnen, die sich auf Zuruf ein- oder ausschalten oder Blutdruckmessgeräte, deren Werte über Alexa abgefragt werden können.[67] Seit Kurzem gibt es sogar eine Mikrowelle, der man nur sagen muss, was man hineinstellt. Alexa entscheidet dann, wie lange welche Wattzahl vonnöten ist, um die Speise zu erhitzen.[68] Es verwundert nicht, dass die Sprachassistenten auch das Kinderzimmer erobern wollen:

LEGOs Kleinkind-Serie *Duplo* arbeitet ebenfalls mit Alexa zusammen. Auf Wunsch erzählt der Sprachassistent den Kindern zu den erworbenen Spielfiguren passende Geschichten.[69] Der kleine Joe Brady und das Mädchen mit dem Puppenhaus werden sich freuen.

Auch Googles Übersetzungs-App ist seit 2016 KI-gesteuert und erreicht nach Worten des Unternehmens seitdem in vielen Fällen „menschliche Übersetzungsqualitäten".[70] Smartphones, die auf dem von Google mit entwickelte Betriebssystem *Android* basieren, ermöglichen Übersetzungen sogar fast in Echtzeit: Das, was die Nutzer über ihre Ohrhörer ins Smartphone hineinsprechen, kommt aus dem Smartphone-Lautsprecher übersetzt heraus.[71]
Der Vorteil Neuronaler Netze bei Übersetzungsaufgaben liegt darin, dass nicht die eingegebenen oder eingesprochenen Begriffe Wort für Wort übersetzt – d.h. mit dem fremdsprachigen Wörterbuch abgeglichen werden – sondern vollständige Sätze. Die KI sieht also den Kontext, in dem ein Wort benutzt wird. So kann auch der übersetzte Text der jeweiligen fremdsprachigen Grammatik angepasst werden.
Die haupt- und ehrenamtlichen Helfer der 2015/2016 nach Deutschland geflüchteten Menschen haben vielen Berichten zufolge von Googles Übersetzer profitiert.[72] Ein bisschen Pathos bemühend, könnte man also sagen: KI ist nicht nur in der *heilen* Welt (der Unterhaltungselektronik) angekommen, sondern auch in der *echten* Welt.

Auch die digitale Fotografie nutzt die Fähigkeit der KI zur Mustererkennung auf vielfältige Weise. Die Foto-Apps moderner Smartphones und Tablets erkennen unterschiedliche Personen, Landschaften und Bauwerke und ordnen sie automatisch in thematische Alben ein.[73] Die in neueren Iphones und Ipads integrierte Funktion *Face ID* nutzt ebenfalls ein Neuronales Netz, um das Gerät durch Gesichtserkennung zu entsperren.[74] Und die Firma *Adobe*, Hersteller diverser professioneller Kreativ-Apps, setzt Maschinenlernen unter anderem im Bildbearbeitungsprogramm *Photoshop* ein. Die Software kann automatisch das Hauptmotiv eines Fotos erfassen und zur Bearbeitung markieren, was das mühsame manuelle Freistellen in vielen Fällen überflüssig macht. Verantwortlich für den Zauber ist *Sensei*, Adobes Plattform für Maschinelles Lernen. Auch *Lightroom*, ein weiteres Bildbearbeitungsprogramm aus dem Hause Adobe, setzt auf Sensei. Auf Wunsch vergleicht sie ein Foto mit tausenden Profiaufnahmen mit vergleichbaren Motiven und passt daraufhin die Licht- und Farbparameter so an, wie sie in den Profiaufnahmen gesetzt sind.[75]

Einer der größten Player im KI-Geschäft ist das Soziale Netzwerk *Facebook*. Die *FAIR*-Abteilung (Facebook Artificial Intelligence Research) beschäftigt fast 200 Personen, die quer über den Globus verteilt an KI-Anwendungen tüfteln. Zum Einsatz kommen diese beispielsweise in der automatischen Gesichtserkennung. Das Soziale Netzwerk vergleicht die Personen auf hochgeladenen Bildern mit den Fotos seiner Mitglieder und schlägt gleich den passenden Namen vor. Andersherum kann der Dienst seine Nutzer auch informieren, wenn ein Bild von ihnen heraufgeladen wird.[76] Die Übersetzung von fremdsprachigen Posts in dem Social Network erledigt ebenfalls eine KI, nach Unternehmensangaben beeindruckende 4,5 Mrd. Mal pro Tag.[77] Schließlich übernimmt ein schlaues Computerprogramm auch die Sichtung neuer Beiträge bei Facebook, ebenso wie bei Youtube hochgeladene Videos einem automatisierten Check unterzogen werden. Die Prüfalgorithmen scannen die neuen Inhalte auf Urheberrechtsverletzungen, Pornografie, Gewaltdarstellungen und Propagandamaterial und verweigern die Veröffentlichung, wenn sie fündig werden. Offenkundig liegen sie manchmal daneben. Sie erkennen Kirschen auf einer Torte als Brustwarzen oder stufen das Video von Menschenrechtlern als Terrorpropaganda ein, weil eine IS-Flagge im Hintergrund zu sehen ist. An der Erkennungsqualität muss also noch kräftig gearbeitet werden. Darüber hinaus müssen auch gestreamte Live-Videos mit in die Prüfung eingeschlossen werden – dies hat das Christchurch-Attentat gezeigt.[78] Doch eine Alternative zu den KI-Helfern gibt es nicht, denn kein Mensch könnte die unglaubliche Menge hochgeladener Inhalte sichten: In jeder Minute werden 400 Stunden neues Material auf Youtube hochgeladen und 510.000 Beiträge auf Facebook abgesetzt![79]

Ich bin kein Roboter. Viele Webseiten verlangen vom Nutzer diese Bestätigung (*Captcha*) und fordern ihn zum Beweis seiner Menschlichkeit auf, Motive zu erkennen: Ampeln, Fahrzeuge, Klingelschilder, Autos, Busse und und und... und so unbewusst ein Neuronales Netz zu trainieren! Googles Dienst *Recaptcha* setzt dem Nutzer Ausschnitte aus Fotos vor, deren Inhalt der Algorithmus nicht selbst erkennen kann, den es aber gerne kennen würde, beispielsweise um Googles Bildersuche akkurater zu machen oder die fotografierten Straßenzüge in *Google Maps* besser zuordnen zu können. Automatisierte Programme, die beispielsweise von Hackern eingesetzt werden, um an sensible Daten auf Webseiten zu kommen, scheitern an dieser Aufgabe.

Captchas führen zu einer Win-Win-Win-Situation. Der Nutzer kann nach der Überprüfung einen in der Regel kostenfreien Onlinedienst nutzen, der Dienstanbieter schützt seine Webseite durch die Abfrage vor Hackern – und Google verbessert seine KI-Fähigkeiten. Doch hat dieser Deal eine paradoxe Situation zur Folge, die uns ziemlich nah an das Thema des *wichtigsten Gesprächs unserer Zeit* heranführt: Durch den Beweis, dass sie keine Maschine sind, helfen Menschen Maschinen, besser zu werden. Ist da etwas faul?

Wer das Internet nutzt, hat keine Chance, an selbstlernenden Algorithmen vorbei zu kommen. Google sortiert seine Suchergebnisse KI-unterstützt nach den vermeintlichen Interessen seiner Nutzer; Spotify, Youtube und Netflix schlagen anhand bereits gestreamter Inhalte passende neue vor und kaum ein Onlineshop verzichtet heute auf einen smarten Empfehlungsalgorithmus, der den Kunden in spe anhand vergangener Suchbegriffe und Bestellungen und Käufen anderer Kunden neue Produkte anbietet.[80] Der Mode-Versandhändler *Zalando* geht sogar noch weiter und überlässt der KI *Algorithmic Fashion Companion* die Zusammenstellung ganzer Outfits.[81]

Doch selbst Menschen mit einem weitgehend analogen Leben kommen nicht an Künstlicher Intelligenz vorbei – nicht einmal am Frühstückstisch. Denn in der täglichen Zeitungslektüre, sofern sie zum Frühstück dazu gehört, begegnen sie unter Umständen *Roboterjournalisten*. Smarte Computerprogramme in Agenturen und Verlagen produzieren fertige Texte, beispielsweise den Wetterbericht, Börsennachrichten oder Sportmeldungen. Dazu rufen die Programme aus dem Internet Wetterdaten, Aktienkurse oder Spielergebnisse ab und kombinieren sie mit vorgefertigten Textbausteinen. So entsteht eine Meldung, die von einer von Menschen geschriebenen Nachricht nicht zu unterscheiden ist. Dass die automatisierten Systeme in einigen Bereichen sogar besser sind als ihre Kollegen aus Fleisch und Blut, davon zeigt sich der Hamburger Journalistikprofessor Thomas Hestermann im Interview mit dem Onlinemagazin *Meedia* überzeugt: „Schließlich kann die Maschine, wenn sie gut programmiert ist, die Textbausteine viel geschmeidiger mischen als der Mensch. Selbst nach dem siebten Provinzsportartikel und auch in tiefster Nacht wird sie nicht müde und wiederholt sich nicht, sondern mischt ganz geschmeidig weiter. Das führt dazu, dass in der Massenproduktion Maschinen teilweise sogar besser abschneiden als Menschen – was bitter ist, aber es ist leider so."[82]

Auf diesen Vorteil setzt offenkundig auch die US-Nachrichtenagentur *Associated Press*. Bis 2020 plant AP 80 Prozent der Nachrichten zu automatisieren. Und bei der britischen Agentur *Press Association* geht das Vertrauen in die Robojournalisten sogar über die Sport- und Finanzberichterstattung hinaus. Dort bastelt eine KI aus

Internetdaten ganze Lokalnachrichten, die unter den Zeitungsverlagen tatsächlich Abnehmer finden – und die dann zum Beispiel diese Robo-Schlagzeile drucken: *Nahezu eines von drei Kindern in Lewisham ist dickleibig, enthüllen Daten.*[83]
Ist das die Zukunft des Lokaljournalismus?

3. KI für Roboter

Dass, wie wir gesehen haben, nicht *jede KI* zwangsläufig
ein Roboter ist, heißt natürlich nicht, dass Roboter für
die KI-Forschung nicht interessant wären.

Da ist beispielsweise *Pepper*. Der 121 cm große Assistenzroboter wurde vom französischen Hersteller Al-
debaran Softbank als *erster geselliger humanoider Roboter*
designt.[84] Ursprünglich für den Einsatz im Kunden-
service entwickelt, beherrscht der weiße Plastikknirps
einfache sprachliche Kommunikation, soll aber auch
Emotionen, Gestik und Mimik von Menschen erkennen können. Die britische Großbank HSBC setzt ihn
deshalb als Empfangsmitarbeiter in ihrer New Yorker
Filiale ein, wo er die Kunden über ihre Anliegen befragt.
Die aktuellen Aktienkurse hat Pepper stets parat, eine Einführung in die Onlinebanking-App gibt er auch
bereitwillig. Bei weitergehenden Fragen verweist er an
seine menschlichen Kollegen vom Fach. Und sollten die
gerade beschäftigt sein, steht der Roboter den Bank-
kunden natürlich gern für ein Selfie zur Verfügung.
Auch in Sparkassen-Filialen in Bremen und München
werden Pepper-Kopien getestet. Jeder Roboter wird
dabei mit den gewünschten Fähigkeiten – beispielsweise Fremdsprachenkenntnissen – ausgestattet und
erhält eine eigene *Persönlichkeit*, die von Fremdfirmen
gezielt auf den Anwendungsbereich hin programmiert
werden kann.[85]

Diese kommunikative Flexibilität macht Pepper offenkundig nicht nur für den Umgang mit Kunden, sondern
auch für den Einsatz in der Pflege interessant. Die Uni
Siegen testet Pepper gerade in einer Wohneinrichtung

Sophia auf der Münchner Sicherheitskonferenz 2018

für ältere Menschen. Dort soll er die Senioren unterhalten – nach Angaben der Forscher kann er Pantomime spielen, abklatschen, tanzen und Witze reißen – aber auch zu körperlichen Übungen, wie beispielsweise zur Sturzprophylaxe, animieren.[86]

Den hohen Anschaffungskosten von 20.000 Euro zum Trotz scheint es, als habe die Welt auf einen Begleiter wie Pepper gewartet: Die erste Charge von 1.000 Robotern war im Juni 2015 innerhalb von einer Minute ausverkauft.[87]

Der Roboter *Icub* ist mit seinen 53 Motoren zwar deutlich komplexer als Pepper, im Auslieferungszustand würde er aber wohl keinen von Peppers Käufern begeistern. Denn anfangs kann der Bursche nichts. Bei dem quelloffenen und von der EU geförderten KI-Projekt steht das Lernen im Vordergrund. Forscher in weltweit über 20 Laboren begleiten Klone des Roboters dabei, gehen, sprechen und mit Menschen umgehen zu lernen.[88] Wenn ein Roboter langsam die Welt der Menschen kennen lernt, so das Kalkül der Forscher, kann er ihnen künftig in vielen Situationen behilflich sein.[89]

Auch *Sophia* will von den Menschen lernen. Der von der US-Firma *Hanson Robotics* entwickelte Silikonkopf hegt nach *eigenen Worten* das Ziel, „die besten menschlichen Eigenschaften" zu übernehmen, zum Beispiel mitfühlend zu sein und sich um den Planeten zu sorgen.[90] Ihre *Gefühle* zum Ausdruck bringt die Roboterdame durch die Simulation menschlicher Mimik. 62 Gesichtsausdrücke beherrscht Sophia, daneben verfügt sie über eine fortgeschrittene Sprachsynthese – und zudem offenbar eine gehörige Prise schwarzen Humor.

So fragte ihr Entwickler David Hanson sie auf einer
Präsentation: „Wirst du die Menschen vernichten? Bitte
sag' nein!" und Sophia antwortete: „Okay, ich werde
die Menschen vernichten".[91] Ein gelungener PR-Stunt
– die sensationshungrigen Medien nahmen die vermutlich nicht sonderlich zufällige Äußerung gerne auf
(Schlagzeile: „Dieser heiße Roboter will die Menschheit
vernichten"[92]).
Sophia ist der Superstar unter den humanoiden Robotern. Sie wird zu Elektronikmessen und in Talkshows
geschickt, hat bereits Angela Merkel getroffen und war
auf dem Cover der *ELLE*. Und als erster Roboter überhaupt hat sie sogar Bürgerrechte. Auf einer Investo-
renkonferenz in Riad wurde ihr im Oktober 2017 die
Staatsbürgerschaft Saudi-Arabiens verliehen.[93]
Ihre Intelligenz ist in der KI-Szene jedoch umstritten.
So bezeichnete Facebooks KI-Chef Yann LeCunn Sophia im Januar 2018 als „Potemkin-KI oder Zauberer-
von-Oz-KI" und als „complete bullshit".[94]

Weniger ins Rampenlicht als in die Herzen von Kindern
zielt *Cozmo*, ein KI-Roboter des US-Startups *Anki*. Der
weiße Mini-Spielzeugroboter, der wie eine Mischung
aus Wall-E und seiner Angebeteten EVE aussieht, entwickelt nämlich nach und nach eine eigene Persönlichkeit. Er bettelt um Aufmerksamkeit, sucht alle acht Sekunden Blickkontakt mit seinem Besitzer und reagiert
auf seine Gesichtsausdrücke. Was folgt, beschreibt der
Hersteller Anki als die Mission des 150 Euro teuren
Spielzeugs: Man baut eine Beziehung zu ihm auf. „Wir
wollen, dass die Beziehung zwischen dir und deinem
Roboter etwas Natürliches ist," bekennt Ankis Mark

Macht die Kontaktaufnahme leicht: Der humanoide Roboter *Pepper*

Palatucci, „so, wie du auch mit einem Freund oder einem anderen Menschen umgehen würdest."[95]

Wir sehen: Roboter mit Künstlicher Intelligenz dienen unterschiedlichen (Forschungs-)Ansätzen. Doch warum sind Roboter, gerade menschenähnliche, für die Forschung überhaupt interessant?
Zum einen können die Wissenschaftler aus den Reaktionen ihrer Kreaturen auf die Menschen und die Umwelt lernen. Wie *natürlich* agieren die Maschinen (denn das sollen humanoide Maschinen ja), wenn das Gegenüber zu leise spricht oder einen Sprachfehler hat, größer oder kleiner ist als der Winkel der Kameraaugen reicht, oder wenn sich der Mensch auf den Roboter zubewegt, aber der Bodenbelag ein Ausweichen verhindert?

Andersherum machen intelligente Roboter KI *begreiflich.* Sie machen die komplexe neue Technologie für Laien erfahrbar und anfassbar. Die Reaktionen von Menschen auf die Roboter – wo schauen Menschen hin, wo drükken sie drauf, wovor weichen sie zurück? – können so in die weitere Entwicklung einfließen.

Auch wegen der technischen Komplexität sind Roboter mit Machine Learning-Fähigkeiten ein reizvolles Forschungsfeld. Denn die Geräte dürfen nicht nur auf eine einzige Aufgabe festgelegt sein wie beispielsweise AlphaGo oder Libratus, deren einzige Aufgabe darin besteht, ein Spiel besonders gut zu beherrschen. Humanoide Roboter stellen die Programmierer vor die Frage, wie ein lernendes System in der physischen Welt mit einem Körper zurechtkommt – mit zwei Armen, die etwas tragen können sollen, ohne dass der Roboter umkippt, zwei Kamera-Augen, die dauernd Informationen an den Prozessor schicken, vielleicht Beinen, die sich der Schwerkraft entgegenstellen müssen, möglicherweise druckempfindlichen Fingern, die Gegenstände greifen, aber nicht zerdrücken sollen und so weiter. Da ist ganz schön was los im Neuronalen Netz! Trotzdem müssen sämtliche Rechenprozesse möglichst energieeffizient ablaufen, denn dem Roboter soll ja nicht gleich bei der ersten Aktion die Puste ausgehen. Auf einen Roboter mit besonders hohen Ambitionen kommen wir in drei Kapiteln zurück.

4. KI in der Wirtschaft

Die Stärke moderner KI-Systeme, in einem Berg von Daten Muster erkennen, sortieren und analysieren zu können, ist auch für die Wirtschaft interessant. Daten gibt es dort genug, Ordnung verspricht Effizienzvo und Effizienz zahlt sich aus. Ein paar Beispiele:
Deepmind hat im März 2017 gezeigt, dass Algorithmen des maschinellen Lernens beim Energiesparen helfen können. Dazu übergaben die Ingenieure die Steuerung der Kühlung eines Google-Rechenzentrums einer KI. Klimaanlagen, Ventilatoren, Fenster standen nun unter der Kontrolle eines Neuronalen Netzes. Auf insgesamt 120 Stellschrauben hatte es Zugriff. Innerhalb kurzer Zeit lernte das System, den Energiebedarf der Kühlsysteme um 40 Prozent zu senken. Das ganze Rechenzentrum kam mit 15 Prozent weniger Strom aus, solange die KI das Sagen hatte.[96] Eine Weiterentwicklung dieses Systems kam in 2018 sogar auf 30 Prozent Stromersparnis.[97]
Diese smarte Energiesparmethode ist auch für andere Teile der Wirtschaft interessant. Nach den Testläufen im Rechenzentrum kam es zu Gesprächen zwischen Deepmind und dem britischen Netzbetreiber *National Grid.* Der Konzern wollte den nationalen Energieverbrauch durch intelligente Stromverteilung um 10 Prozent senken. Zu einem Deal kam es aber offenbar nicht, die Gespräche wurden Anfang 2019 auf Eis gelegt.[98]
Auch Automobilfirmen setzen bei der PKW-Fertigung auf die organisatorischen Fähigkeiten lernender Algorithmen. Bei Audi in Ingolstadt fahren Karosserien auf ferngesteuerten Roboterwagen automatisch durch

die Fertigungshalle. Ein KI-System schickt sie an die Montagestationen, an denen gerade Kapazitäten frei sind. In dem Werk gibt es keinen festen Ablauf mehr, nach dem ein Auto zusammengebaut wird. Der Steuer-Algorithmus weiß, welche Karosserie wo ist, welche Sonderausstattung für welchen Wagen vorgesehen ist, wie viele Montageteile an den Stationen vorrätig und welcher nächste Schritt der effizienteste ist. Der Abschied vom Fließband soll sich für Audi schon bald auszahlen: Der Autobauer rechnet für die nächsten 10 Jahre mit 20 Prozent Effizienzgewinn.[99]

Daimler geht einen ähnlichen Weg. Der Konzern baut in Sindelfingen die *Factory 56*, eine 30 Fußballfelder große, komplett digitalisierte Autofabrik. Auch hier arbeiten vollautomatische Fertigungsroboter, kommunizieren miteinander, planen und schicken sich Teile hin und her. „Ein bestelltes Fahrzeug sucht sich seine Produktionsstätte und Maschine selbst", fassen die Autoren des lesenswerten ZEIT-Artikels *Zukunft der Arbeit – Was machen wir morgen?* das Daimler-Konzept zusammen. Ein Mitarbeiter hat den Journalisten auch den Spitznamen der Baustelle verraten: „Wir nennen sie *Fear Factory*." – Die Fabrik der Angst.[100]

Noch eine Schippe Gänsehaut drauf legt das KI-System *The Yield*. Der Autor dieses Textes jedenfalls hält tasmanische Austern mit Internetanbindung für ziemlich gruselig. Doch genau darauf setzt das von der Australierin Ros Harvey entwickelte Programm. Harvey hat Austernbänke auf der australischen Insel Tasmanien mit Sensoren ausgestattet, die in Echtzeit die Wassertemperatur, den Salzgehalt und die Tiefe des Wassers messen. Diese Daten werden dann zur Analyse an *The Yield* in die Cloud geschickt. Wenn der Algorithmus eine Erhöhung der Schadstoffbelastung erwartet, schickt er dem Austernzüchter eine SMS aufs Handy. So kann er die sensiblen Tiere ernten (das heißt wirklich so), bevor sie zu viele Schadstoffe aufnehmen und eine Ernte unmöglich wird. Die bislang unumgänglichen Erntestopps konnten bei den 300 Austernfarmen, die The Yield einsetzen, um 30 Prozent reduziert werden.[101]

Auch im Dienstleistungssektor fallen Daten an, die einer genauen Analyse bedürfen. Wer sich schon einmal durch die Geschäftsbedingungen und Ausschlussklauseln seiner Versicherungen gewühlt hat, wird zustimmen, dass das Versicherungswesen ein prädestinierter Arbeitgeber für KIs ist. Das sahen auch die Verantwortlichen beim japanischen Lebensversicherer *Fukoku Mutal* so. Seit 2017 lässt das Unternehmen Rückerstattungsansprüche von einem KI-System prüfen. Durch die Umstrukturierung erwartet der Konzern 30 Prozent Produktivitätssteigerung. Zudem spart er jährlich 140 Millionen Yen (rund 1 Mio. Euro) an Gehältern, denn Fokuku Mutal hat im Zuge der KI-Umstellung 34 Arbeitnehmer entlassen.[102]
Kapitel IV dieses Buchs wird näher auf die Auswirkungen Künstlicher Intelligenz-Anwendungen auf den Arbeitsmarkt eingehen.

5. KI in der Medizin

Das Preisgeld für seinen Triumph bei Jeopardy setzte Watson gut ein. Er ging nach Harvard und studierte Medizin. Sechs Jahre nach seinem Erfolg in der Rateshow war er ein angesehener Krebsmediziner.

Eine schöne Biografie, oder? Zumindest die IBM-Marketingleute erzählen sie so oder so ähnlich in Medizinzeitschriften und auf Messen, wenn es um den ehemaligen Gameshow-Champion Watson geht. Tatsächlich hat IBM seine bekannteste KI-Maschine in den vergangenen Jahren in vielfältiger Weise weiterentwikkelt, auch im Blick auf medizinische Anwendungen. Nach Unternehmensangaben assistiert Watson, in dem gleich mehrere Algorithmen werkeln, Medizinern in weltweit 230 Krankenhäusern bei der Diagnose und Behandlung von Krebserkrankungen.[103] Nach Eingabe der Patientendaten und Symptome durchsucht er in Windeseile tausende Fachpublikationen und schlägt dann eine Diagnose vor.[104] Bei bislang 84.000 Patienten hat Watson laut IBM die Ärzte unterstützt. Berühmt geworden ist die Geschichte einer Japanerin, die im Januar 2015 über starke Schmerzen klagte. Ihre Ärzte diagnostizierten eine spezielle Leukämieerkrankung, verschiedene Therapieansätze schlugen jedoch fehl. In der Universität von Tokio befragte man schließlich Watson, der die genetischen Daten der Patientin mit Millionen Krebsstudien und Daten zu anderen Leukämiefällen abglich – in 10 Minuten! Nach Ansicht des verantwortlichen Onkologen Arinobu Tojo hätten menschliche Wissenschaftler für die Analyse des Genprofils zwei Wochen benötigt. Die KI diagnostizierte

bei der Frau schließlich eine andere, äußerst seltene
Art von Leukämie. Die Ärzte stellten die Medikation
daraufhin um. Im September konnte die Patientin das
Krankenhaus verlassen.

Hat eine KI einem Menschen das Leben gerettet? Dr.
Tojo gibt zu, dass dies vielleicht übertrieben klingt.
„Aber sie gab uns die Daten, die wir benötigten, in äußerst kurzer Zeit".[105] Trotzdem sei Watson noch nicht
perfekt, weil er ab und zu Fehler mache. „Aber in etwa
10 Jahren wird sich seine Qualität soweit verbessert
haben, dass es für Ärzte üblich sein wird, Gentests zur
Krebsbehandlung einzusetzen."

Doch bereits drei Jahre nach Tojos Prognose sollte
sich zeigen, dass es Watson nicht überall leicht hat.
Interne IBM-Dokumente, aus denen die US-Nachrichtenseite *STAT* im Juli 2018 zitierte, sprechen
von „mehreren Beispiele für unsichere und falsche
Behandlungsempfehlungen."[106] Auch viele Krankenhäuser scheinen sich mehr von Watsons Fähigkeiten
versprochen zu haben. Das Uniklinikum Marburg/Gießen hat den Test mit Watson beendet, bevor auch nur
ein Patient behandelt worden ist. Dem Klinikchef war
die Geschwindigkeit zu gering, und bei IBM vermisste er das medizinische Verständnis. Nicht einmal die
Richtlinien der ärztlichen Fachgesellschaften seien im
System gespeichert, beklagte er sich im August 2018 in
einem Spiegel-Artikel, der mehrere Fälle enttäuschter
Erwartungen aufzählt.[107]

Doch selbst wenn die Karriere von IBMs Vorzeige-KI als
Krebsmediziner letztlich scheitern sollte, hat Watson
immer noch ein zweites Standbein im medizinischen
Bereich: Er soll in Unikliniken der Jefferson University

in Philadelphia in die Krankenzimmer integriert werden. Dann darf die KI auf Geheiß der Patienten das Licht dimmen oder Musik spielen.[108] Besser als nichts. Vielleicht hat einer der Patienten ja Lust auf eine Runde Jeopardy.

Den Einsatz von KI in der Krebsdiagnose und -therapie grundsätzlich abzuschreiben, wäre aber verfrüht. Immerhin gibt es auch jenseits von Watson Beispiele für erfolgreiche Behandlungen – zum Beispiel das von Shirley Pepke. Bei der promovierten Bioinformatikerin wurde 2013 Eierstockkrebs diagnostiziert. Weil die Chemotherapie nicht anschlug, glich sie ihre genetischen Daten mithilfe eines eigenen Machine Learning-Systems mit einer Datenbank ab, in der andere Fälle von Eierstockkrebs gespeichert waren. Wie Watson bei der japanischen Patientin erkannte auch Pepkes Algorithmus Ähnlichkeiten mit einer bestimmten Erkrankung, die Pepke zu einem anderen Krebsmedikament führten. Trotz erheblicher Nebenwirkungen heilte das Medikament Pepke schließlich vom Krebs.[109] Maschinelles Lernen kann zudem einen Beitrag zur Früherkennung von Krankheiten leisten. Wissenschaftler aus San Francisco haben einen Algorithmus entwickelt, der Stoffwechselvorgänge im Hirn analysiert. In einem Pilotversuch konnte die KI eine Alzheimer-Erkrankung sechs Jahre vor der ärztlichen Diagnose feststellen.[110] Auch Parkinson kann mit Hilfe der KI-Technologie früher erkannt werden als bisher. Das Team von Max A. Little an der Universität Aston in England hat ein System entwickelt, das bei Patienten mit Hilfe maschinellen Lernens minimale Abweichungen in den Bewegungsabläufen feststellen kann, die auf Parkinson hindeuten können.[111] Um die Erkennung von Hautkrebs ging es in einem Versuch, in dem ein lernender Algorithmus gegen 157 Hautärzte aus Unikliniken angetreten ist. Das Ergebnis: Das vom Deutschen Krebsforschungszentrum mitentwickeltes KI-System traf präzisere Diagnosen als die Dermatologen. Nur sieben Mediziner hatten eine höhere Trefferquote als der Algorithmus.[112] Und auch in der pharmazeutischen Forschung hat eine Künstliche Intelligenz bereits für Aufsehen gesorgt. Im Januar 2018 ermittelte der smarte Roboter *Eve* aus dem Vergleich tausender Gen-Kombinationen einen Wirkstoff, der gegen bislang als resistent geltende Malariaparasiten wirksam sein könnte.[113]

6. KI im Weltall

Das Preisgeld für seinen Triumph bei Jeopardy setzte Watson gut ein. Er machte einen Pilotenschein, studierte in Harvard Physik und durchlief erfolgreich das Auswahlverfahren bei der NASA. Am 29. Juni 2018 bestieg er eine SpaceX-Rakete und verließ die Erde in Richtung ISS. Sieben Jahre nach seinem Erfolg in der Rateshow war Watson die erste Künstliche Intelligenz im Weltraum.
Auch kein übler Lebenslauf, oder? Tatsächlich versucht sich Watson nicht nur im medizinischen Bereich. Ein freundliches Gesicht und eine Persönlichkeit schenkt ihm *CIMON*, ein Assistenzroboter, der den Astronauten auf der Internationalen Raumstation ISS zur Hand geht, oder besser gesagt: sie unterstützt.

CIMON mit Commander Gerst im Columbus Lab der ISS

Denn Arme oder Beine hat CIMON nicht. Der runde, weiße Roboter sieht ein bisschen aus wie ein alter 30-Zentimeter-Röhrenfernseher, auch wenn er mit seinen 6 Millionen Dollar Entwicklungskosten ein ziemlich teurer Röhrenfernseher ist. Dafür hat der von Airbus und dem Deutschen Zentrum für Luft- und Raumfahrt entwickelte Roboterknubbel einen Flachbildschirm, Ultraschallsensoren und zwölf Düsen, mit denen er sich in der Schwerelosigkeit fortbewegen kann. CIMON kann die Astronauten bei Experimenten filmen, Bedienungsanleitungen anzeigen, auf der Raumstation Gegenstände suchen – oder Smalltalk halten. Die Fähigkeit Sprache zu verstehen und selbst zu sprechen, basiert auf Watsons Algorithmen und geht weit über die Fähigkeiten von Alexa und Co. hinaus. Sie könnten sogar *noch weiter* gehen und auf Tonveränderungen in den Stimmen der Crewmitglieder adäquat reagieren. Das jedoch ging Alexander Gerst, dem zeitweiligen Kommandanten der ISS, zu weit. Vielleicht erinnerte diese Fähigkeit den deutschen Astronauten zu sehr an den Bordcomputer HAL9000 aus dem Film *2001 – Odyssee im Weltraum*, der seine menschlichen Bosse ebenfalls unterstützen sollte, dann aber versuchte beide ins Weltall zu verbannen. Was Gerst möglicherweise auch beunruhigte: CIMON wurde eine *ISTJ-Persönlichkeit* einprogrammiert, was nach der populären Meyers-Briggs-Klassifikation für „introvertiert, fühlend, denkend und urteilend" steht – und der Persönlichkeit von HAL9000 ziemlich nahekommt. Gerst äußerte sich nach seiner Landung im Dezember 2018 nicht dazu, ob CIMON während der gemeinsamen Mission je den Dienst verweigerte, vielleicht gar mit den Worten „Tut mir leid, Alexander, ich fürchte, das kann ich nicht tun" wie HAL9000 dazumal zu Commander Dave. Doch selbst wenn, hätte Gerst mit den Astroroboter kurzen Prozess machen können. CIMON hat immerhin (und im Gegensatz zu HAL9000) einen gut erreichbaren Ausschalter.[114]

Auf eine etwas niedrigere Flughöhe als die ISS setzen die Vereinten Nationen mit ihrer KI-Anwendung. Ein an der University of Stanford programmierter Algorithmus kann auf Satellitenbildern erkennen, wie arm die Menschen in verschiedenen Regionen der Welt sind. Dazu analysiert er das Material von Häuserdächern sowie die Entfernung zu Wasserquellen und zur nächsten Stadt. Dann kombiniert das System die Kartenausschnitte mit Nachtaufnahmen der Region und erkennt, ob die Siedlungen an das Stromnetz angebunden sind (=wenn dort Licht brennt). So kommt eine gute Sammlung von Indikatoren zusammen, die für etwaige Hilfsmaßnahmen relevant sind. Die Leistung der KI liegt hier vor allem darin, dass die Forscher der Maschine nicht genau sagen mussten, wonach sie suchen soll. Zum Training wurden ihr nur einige Regionen der Welt gezeigt, die als arm gelten. Die Kriterien erarbeitete sie sich daraufhin selbst.[115]

7. KI in der Kunst

„Jede künstlerische Leistung ist ein Sieg über die menschliche Trägheit", behauptete Herbert von Karajan. Ohne den großen Dirigenten vereinnahmen zu wollen, könnte das Zitat mit Blick auf die Möglichkeiten der Computertechnik Ende der 2010er Jahre lauten: Jede künstlerische Leistung *einer Maschine* ist ein Sieg über das *menschliche Kunstmonopol*. Vorsichtiger ausgedrückt: Auch KIs können Werke schaffen, die man Kunst nennen würde, wenn sie ein Mensch geschaffen hätte.

Ein Beispiel ist *Next Rembrandt.* Die ING-Bankengruppe und Microsoft hatten 2016 ein Team von Wissenschaftlern damit beauftragt, Portraits des niederländischen Barockmalers aus den Jahren 1630 bis 1640 mithilfe eines 3D-Scanners zu digitalisieren. Die Bildnisse wurden daraufhin von einem Algorithmus auf rembrandtspezifische Merkmale hin untersucht. Welchen Abstand haben die Augen? Wie werden sie dargestellt? Welche Farben werden verwendet? Woher kommt das Licht, wo fallen Schatten? Aus der Analyse von insgesamt 4000 Merkmalen in den insgesamt 346 Rembrandt-Portraits wurde dessen „Künstler-DNA" destilliert, wie die Forscher sie nennen, und Next Rembrandt vorgelegt. Statt Pinsel und Palette gaben die Forscher dem KI-Künstler einen speziell angefertigten 3D-Drucker, der den Farbauftrag in Ölbildern simulieren konnte. Und dann malte Next Rembrandt einen neuen Rembrandt.[116] Holger Volland, der Vizechef der Frankfurter Buchmesse, schildert in seinem unterhaltsamen Buch *Die kreative Macht der Maschinen* seine erste Begegnung mit dem Kunstwerk während des Messeaufbaus: „Die offenen braunen Augen des Porträtierten blickten mich direkt an, und sein Mund war schon leicht geöffnet, als ob er gleich ein paar Worte in seinem alten niederländischen Dialekt an mich richten würde. Die glatte Gesichtshaut zeigte leichte Rötungen und wirkte gesund und frisch. Dies und sein hellbrauner Bart ließen darauf schließen, dass auf diesem Gemälde ein junger Mann abgebildet war. Ich bin zwar kein Experte für barocke Kunst, doch wirkte seine Kleidung auf mich wie die eines Mannes aus einer einflussreichen Familie: Der weiße, gefältelte Stoffkragen war allem Anschein nach aus vielen sehr dünnen Lagen gefertigt und legte sich luxuriös um seinen Hals. Seinen Kopf schützte ein dunkler Hut mit breiter Krempe, unter deren Schatten sich ein auffallend großes Ohr versteckte. Je länger ich ihn ansah, umso lebendiger wirkte der Mann auf mich. Hatte sein Mund nicht mittlerweile einen leicht spöttischen Zug angenommen? Blitzten seine Augen nicht ein bisschen hochnäsig? Konnte es sein, dass sich dieses Bild gerade darüber lustig machte, dass ich es so fasziniert anstarrte? Nie zuvor war ich einem Rembrandt so nahegekommen.“[117]

Nach einem vergleichbaren Prinzip wie Next Rembrandt funktioniert auch *AIVA* (Artificial Intelligence Virtual Artist), das 2016 gegründete Projekt des Luxemburger Pianisten Pierre Barreau. AIVA ist eine kommerzielle KI, die Musiken für Präsentationen, Werbeclips oder Computerspiele komponiert. Auch zum luxemburgischen Nationalfeiertag 2017 steuerte AIVA ein Werk bei, das das nationale philharmonische

Orchester zu Ehren des Fürsten aufführte. *Opus 23 – Letz make it happen* enthält pathetische Melodiebögen, dynamische Täler mit feinen Solostellen, dynamische Berge mit Becken und Paukendonnern, dazu ein eingängiges Thema im geraden Viervierteltakt, unterstützt von einem fast 80-köpfigen Chor – und klingt wie ein moderner Filmsoundtrack. Und vor allem – zumindest der Autor dieser Zeilen kann sich des Eindrucks nicht erwehren – klingt das Stück *lebendig.* Vermutlich, weil es eben von echten Musikern gespielt (und damit natürlich auch interpretiert) wurde, vielleicht aber auch, weil AIVA von den Besten gelernt hat. Insgesamt 30.000 Partituren von Bach, Mozart, Beethoven und anderen hat sie analysiert und daraus einen Eindruck davon gewonnen, was *gute Musik* ist. Bei den Arrangements geht das 12-köpfige Team um Barreau noch zur Hand, aber die Ideen, wenn man sie so nennen will, kommen aus AIVAs Neuronalem Netz.

AIVA ist die erste KI, die in der Rechteverwertungsgesellschaft SACEM als Komponistin registriert ist. Und sie ist fleißig: Drei klassische Alben hat die KI bereits auf den Markt gebracht, die neueste Single heißt *On the Edge* und ist ein Rocksong. Doch nicht alle gönnen AIVA den Erfolg: Der luxemburgische Musikerverband reichte vor der geplanten Aufführung am Nationalfeiertag Beschwerde beim Kulturminister ein. Ein Stück, das von einem Computer geschaffen worden sei, sei eine Beleidigung aller Luxemburger Komponisten, ein Schlag in das Angesicht aller Kunstschaffenden. „Blumen aus Plastik oder synthetischen Crémant halten wir ebenso wenig für erstrebenswert", schrieben die Musiker. Doch der Minister ließ sich von diesen kreativen

Vergleichen nicht erweichen: Das Orchester spielte schließlich AIVAs Werk zu Ehren des Großherzogs.[118]

Material analysieren, Eigenheiten destillieren, Stil kopieren – so lässt sich die Funktionsweise von Next Rembrandt oder AIVA zusammenfassen. Warum sollte dieses Prinzip nicht auch in der Literatur funktionieren? Tut es, zumindest ansatzweise. So hat ein Algorithmus mit ein wenig menschlicher Hilfe bereits ein Kapitel eines neuen *Harry Potter*-Romans geschrieben, nachdem er die Figuren und Joanne K. Rowlings *schriftstellerische DNA* in den sieben Originalromanen kennengelernt hat. Die Hogwarts-KI schlug schließlich Sätze im Harry-Potter-Stil vor, die von den menschlichen Lektoren, unter anderem Fans, entweder angenommen oder verworfen wurden. Die Schnipsel wurden daraufhin zusammengesetzt zu *The Handsome One*, dem dreizehnten (!) Kapitel des neuen *Harry Potter and the Portrait of What Looked Like a Large Pile of Ash*. Die Handlung ist abstrus, im besten Fall witzig – aber, wie der folgende Auszug zeigt, muss Joanne K. Rowling nicht um ihren Job fürchten:

„'Ich denke, es ist okay, wenn du mich magst', sagte ein Todesser. ,Danke dir von Herzen', antwortete ein anderer. Daraufhin lehnte sich der erste Todesser mutig nach vorne und küsste den anderen auf die Wange."

Der Autor dieses Essays bekennt, kein Harry-Potter-Kenner zu sein, und erlaubt sich deshalb kein Urteil zur künstlerischen Qualität der KI. Shannon Liao von der Technologieseite *theverge.com* lobt sie aber als „quite good" – ziemlich gut. Sie „vermischt die Kreativität von Dutzenden von Menschen mit der Absurdität von

Maschinen, die versuchen, uns nachzuahmen. Und
das Ergebnis ist manchmal, wenn ich es so sagen darf,
magisch."[119]

Auch Shakespeare ist vor Nachahmung nicht sicher.
Entwickler des australischen IBM-Ablegers haben eine KI 2600 Sonette des englischen Dramatikers auf
Sprachstil, Reime und Metrik hin untersuchen lassen.
Dann begann sie ihre eigenen zu schreiben – und das
so gut, dass viele Menschen sie nicht von Shakespeares
unterscheiden konnten. Einige von Shakespeares Ver-
sen wurden sogar der KI zugeschrieben.
Ein kleiner Selbstversuch gefällig?

Sonett 1) *thy glass will show thee how thy beauties wear*
thy dial how thy precious minutes waste
the vacant leaves thy mind's imprint will bear
and of this book this learning mayst thou taste

Sonett 2) *yet in a circle pallid as it flow*
by this bright sun, that with his light display
roll'd from the sands, and half the buds of snow
and calmly on him shall infold away

Haben beide Texte das gleiche Maß an Emotionalität?
Und wie sieht es mit der Lesbarkeit aus? Das sind näm-
lich die beiden Mankos des KI-Poeten, geben die IBM-
Programmierer zu – und Aufgaben für die Zukunft.[120]
Die Auflösung der kleinen Quizfrage geschieht frei-
lich in der Gegenwart: Der Algorithmus schrieb beide
Sonette.

8. KI in der Irreführung

„Wir stehen am Beginn einer Ära, in der unsere Feinde es so aussehen lassen können, als würde jemand etwas sagen – jederzeit. Selbst wenn dieser Jemand diese Dinge nie sagen würde. Beispielsweise könnten sie mich Dinge sagen lassen wie: […] ‚Präsident Trump ist ein Vollidiot‘.“

Diese Worte stammen von Barack Obama. Ein Youtube-Video zeigt den 44. US-Präsidenten, wie er vor einer US-Flagge sitzt und diese Worte ruhig in die Kamera spricht. Stünde der Fernseher in der anderen Zimmerecke und wäre stumm geschaltet, würde diese Szene problemlos als Archivmaterial einer Fernsehansprache aus seiner Amtszeit durchgehen. Doch er sagt diese Worte wirklich. In diesem Moment. Oder?

Obama fährt fort: „Sehen sie, ich würde diese Dinge nie sagen, zumindest nicht öffentlich. Aber jemand anderes würde es tun. Jemand wie Jordan Peel.“

Das Bild teilt sich, und auf der rechten Seite erscheint der Regisseur und Stimmenimitator Jordan Peele. Lippensynchron fahren die beiden Männer fort: „Dies ist eine gefährliche Zeit. Wir müssen skeptischer sein mit dem, was wir im Internet sehen. Es ist eine Zeit, in der wir uns auf vertrauenswürdige Nachrichtenquellen verlassen müssen. Das klingt selbstverständlich. Doch wie wir uns im Informationszeitalter verhalten macht den Unterschied, ob wir überleben, oder ob wir eine Art abgefuckte Dystopie werden. Danke, und bleibt wachsam, ihr Schlampen.“

In dem Video, das Peele im April 2018 gemeinsam mit dem Medienportal *Buzzfeed* produziert und veröffentlicht hat[121], hat Obama überhaupt nicht mitgewirkt. Es ist ein Beispiel für *Deep Fakes* – und will vor ebendiesen warnen.

Deep Fakes sind gefälschte Videos, die von Computerprogrammen wie der kostenfreien PC-Software *Fake App* erstellt werden können. Dahinter steckt ein Neuronales Netz, das die Gesichtszüge der zu imitierenden Person in Fotos oder einem Videoclip analysiert und diese schließlich in ein zweites Videos hineinkopiert. Damit erscheint die echte Person plötzlich völlig überzeugend in Situationen, die so nie stattgefunden haben. Für diese Fakes ist kein Superrechner notwendig. Wenn man ihm genug Zeit zum Rechnen gibt, ist ein normaler PC als Wirt für die Manipulations-KI ausreichend. Deep Fakes werden bislang hauptsächlich in Pornoclips eingesetzt, in denen die weiblichen Darstellerinnen dann die Gesichter von Prominenten tragen. In diesem Genre wird, so hat der Autor dieses Textes sich sagen lassen, nicht viel gesprochen. Doch wenn die Deep Fake-Technologie mit der künstlichen Imitation von Stimmen kombiniert wird, lassen sich in Videos oder Filmen – siehe Obama/Peele – ganze Personen ersetzen.

Das *Voice Cloning*, also die synthetische Nachahmung von Stimmen, ist noch nicht so weit wie das visuelle Imitieren von Personen. Doch gibt es bereits einige verblüffende Beispiele dafür, was KI hier leisten kann. Das kanadische Unternehmen *Lyrebird* hat einen Algorithmus mit Sprachbeispielen von Politikern trainiert und im Frühjahr 2017 eine gefälschte Konversation zwischen Hillary Clinton, Barack Obama und Donald Trump ins Netz gestellt. Das Timbre der synthetischen

Stimmen kam den Originalen dabei erstaunlich nah.[122] Auf der Homepage des Unternehmens steht der Algorithmus zum Testen zur Verfügung.[123] Während Lyrebird erst mit einer großen Menge von Sprachbeispielen wirklich gut klingt, gibt sich *Deep Voice* bereits mit 3,7 Sekunden Ausgangsmaterial zufrieden. Die Anwendung, die der chinesische Internetkonzern *Baidu* Anfang 2018 vorgestellt hat, kann nach wenigen Worten des Originalsprechers ganze Sätze mit seiner Stimme sprechen. Der Software-Quellcode ist kostenfrei im Internet herunterladbar.[124]

Für Aufsehen gesorgt hat auch das südkoreanische Startup *Neosapience*, das US-Präsident Trump und dem nordkoreanischen Herrscher Kim Jong Un anlässlich ihres erstens Treffens im Juni 2018 die Muttersprache des jeweils anderen in den Mund gelegt hat. Die babylonische Sprachverwirrung kann nicht surrealer gewesen sein als die beiden Youtube-Videos von Neosapience.[125] Die ersten Voice Cloning-Anwendungen sind zweifellos beeindruckend, auch wenn sie keinen Zweifel daran lassen, dass die Stimmenimitation der Deep Fake-Technologie in Sachen Realitätsnähe noch weit hinterher hinkt. Angesichts der enormen Fortschritte in der KI-Entwicklung der letzten Jahre dürfte es aber nur eine Frage der Zeit sein, bis sich komplette Videos am heimischen PC *faken* lassen.[126]
Ab dann können Menschen ohne ihr Wissen Reden halten, Interviews geben oder an Orten auftauchen, an denen sie nie gewesen sind.

Vielleicht ist es ein kleiner Trost, dass Künstliche Intelligenz nicht nur das *Mittel* zur Manipulation ist, sondern auch das *Mittel zur Erkennung* der Manipulation. Programmierer an der State University of New York forschen an einem Neuronalen Netz, das Deep Fakes als solche entlarven kann, zumindest wenn sie auf Fotos der *Zielperson* basieren. Das Programm achtet dabei auf unwillkürliche menschliche Bewegungen wie Augenblinzeln oder pulsierende Adern, die in den gefälschten Videos wegen der starren Bildvorlage nicht zu sehen sind.[127] Auch das US-Verteidigungsministerium vertraut auf eine KI, um Deep Fakes auf die Schliche zu kommen. Ein gemeinsam mit der Stanford University entwickeltes Programm kann minimale Inkonsistenzen im Übergang zwischen *echtem Kopf* und *falschem Gesicht* entdecken. Da diese sich auf Pixel-Ebene abspielen, bleiben sie dem Betrachter im Normalfall verborgen.[128]

KI wird mit KI bekämpft. Doch sind diese Gegenmaßnahmen ausreichend, die „abgefackte Dystopie" zu verhindern? Matt Turek, der bei der DARPA den Kampf gegen Deep Fakes führt, ist nicht gerade optimistisch: „Wir werden in ein paar Jahren die Synthese von Ereignissen sehen, die nie stattgefunden haben. […] Es könnte sein, dass Nationalstaaten damit politische oder militärische Aktionen provozieren wollen. Möglicherweise könnte auch eine einfach ausgestattete Gruppe so etwas machen, vielleicht sogar Einzelpersonen."[129] Stellen wir uns ein Video mit gefälschten Gesichtern und gefälschten Stimmen vor. Was ist, wenn Kim Jong Un in einem Internetvideo den Abschuss einer atomaren Langstreckenrakete Richtung USA bestätigt?[130] Oder wenn die NASA, die ESA, die russische und die

chinesische Weltraumagentur in einer gemeinsamen
Pressekonferenz den baldigen Einschlag eines Me-
teoriten verkünden? Vielleicht können Forensiker mit
oder ohne KI-Hilfe einen noch so gut gemachten Deep
Fake als Fälschung erkennen – aber ist es dann nicht
vielleicht zu spät für eine Entwarnung? Nimmt in der
öffentlichen Panik jemand diese Entwarnung ernst?
Und weiter: Nimmt künftig noch irgendjemand *tatsächlich authentische* Videoaufnahmen ernst? Der Medienforscher und ehemalige Google-Berater Aviv Ovadya
warnt vor Abstumpfung: „Es braucht nur ein paar große
Täuschungen, um die Öffentlichkeit zu überzeugen,
dass nichts real ist."[131]

Wie schmal der Grat zwischen Fake und Fakt dank
der KI-Technologie heute schon ist, zeigen *GPT-2*
und *thispersondoesnotexist.com*. OpenAIs Textgenerator
GPT-2 kann Texte sinnvoll weiterschreiben, nachdem
er wenige Zeilen menschlichen Input bekommen hat.
Im Februar 2019 veröffentlichten die Entwickler eine
kuriose Beispielgeschichte von Englisch sprechenden
Einhörnern – den Quellcode veröffentlichten sie, anders als sonst bei OpenAI üblich, nicht. Der Grund: Das
Sprachmodell könne für böswillige Zwecke verwendet
werden, wie es auf dem Blog der Organisation heißt,
beispielsweise zur Generierung von irreführenden
Nachrichtenartikeln oder von Spam-Inhalten. Statt-
dessen rufen die Entwickler zu einer breiten Diskussion
über die Folgen solch leistungsfähiger Systeme auf.[132]
  Auch die vom Grafikchip-Hersteller *NVIDIA*
betriebene Website *thispersondoesnotexist.com* setzt auf
computererzeugte Inhalte. Die Seite generiert bei jedem

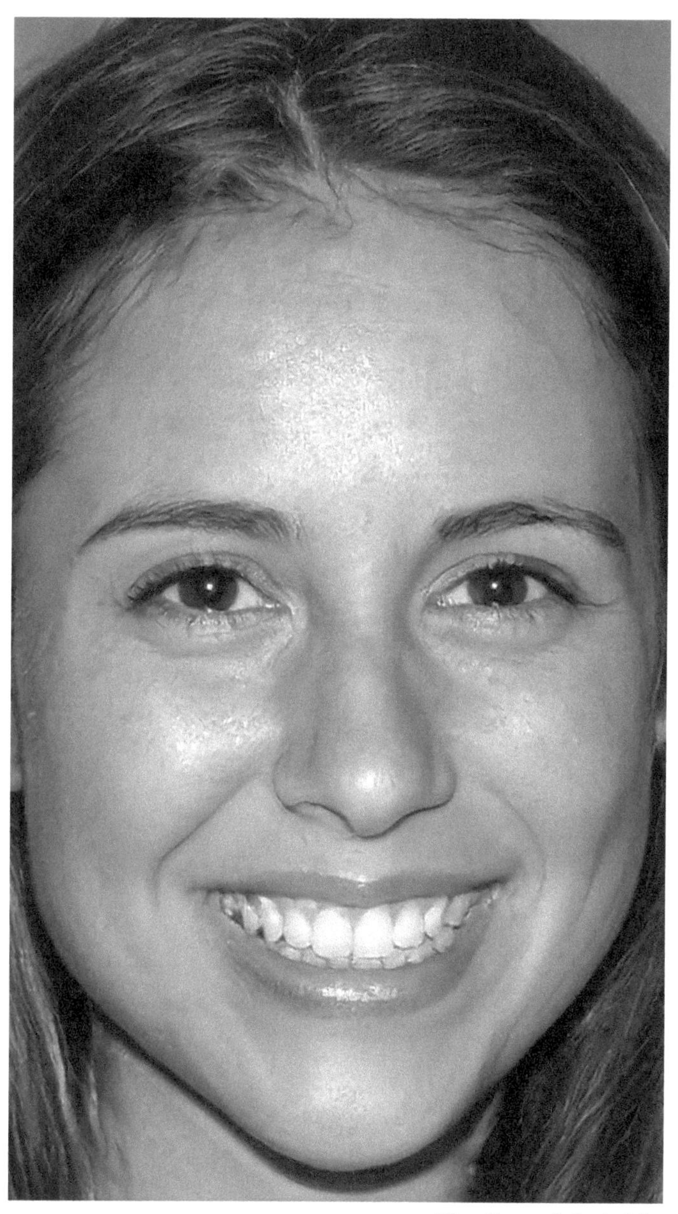

Diese Frau existiert nicht.

Aufruf ein täuschend echtes Bild einer Person, die es gar nicht gibt. Das Foto wird von zwei Neuronalen Netzen erstellt, indem sie zwei echte Fotos miteinander kombinieren.[133] Auch hier gibt es mehr als nur eine missbräuchliche Verwendungsmöglichkeit: Mit einem solchen Bild erhalten betrügerische Profile in Sozialen Medien oder auf Dating-Plattformen natürlich eine ganz andere Glaubwürdigkeit.

Von Ovadyas dystopischer Vision sind wir also nicht weit entfernt. Oder, um einen von ihm geprägten Begriff zu verwenden: *Infocalypse Now!*

9. KI als Entscheider

Schon heute überlassen Menschen Maschinen Entscheidungen über ihre Zukunft. Die Verantwortung, die den smarten Algorithmen übertragen wird, reicht dabei von Kreditentscheidungen über die (später noch ausführlicher behandelte) Rückfälligkeitsprognose für Straftäter bis hin zu möglichen Beschränkungen der Reisefreiheit.

Am Berliner Bahnhof Südkreuz ließ der damalige Innenminister Thomas de Maizière 2017 Systeme zur Videoüberwachung testen, die automatisch die Gesichter der Passanten scannten und mit einer Datenbank abglichen. Das beste System habe das in 82 Prozent der Fälle geschafft, zeigte sich das Bundesinnenministerium nach Testende im Sommer 2018 zufrieden. Nähme man die Leistung zweier Überwachungssysteme zusammen, sei auch die Fehlerrate verschwindend gering. Der Minister hatte die Resultate bereits während des Versuchs als „erheblichen Mehrwert für die Fahndung nach Terroristen und Schwerverbrechern" bezeichnet. Das Innenministerium weist in seinem Abschlussbericht jedoch darauf hin, dass die Systeme nicht selbst einen möglichen polizeilichen Zugriff einläuten könnten. Welche Folgen ein „Treffer" hat, müsse die Polizei entscheiden.[134]

Doch die automatische Gesichtserkennung im öffentlichen Raum wird dennoch von vielen Seiten kritisch gesehen – nicht nur in Deutschland. Gegen den Testballon in Berlin gab es heftige Proteste, unter anderem von den Vereinen *Digitalcourage* und *Netzpolitik*, die sich für Bürgerrechte im Internet engagieren.[135]

Auch das an der New York University angesiedelte Forschungsinstitut *AI Now* fordert in seinem Jahresbericht 2018, bei Gesichtserkennungsmaßnahmen im öffentlichen Raum „angesichts der Gefahren einer repressiven und kontinuierlichen Massenüberwachung" nicht nur auf die intelligenten Kameras hinzuweisen, sondern die ausdrückliche Genehmigung aller möglicherweise zu scannenden Personen einzuholen.[136] Und der Stadtrat von San Francisco überlegt derzeit sogar, Gesichtserkennung komplett zu verbieten.[137]

Die Entwickler der smarten Erkennungssysteme gehen da zum Teil sogar mit. KI-Gigant Google will seine Gesichtserkennungsalgorithmen laut einem Blogeintrag erst dann anderen Entwicklern anbieten, wenn „ihre Verwendung mit unseren Prinzipien und Werten übereinstimmt und Missbrauch und negative Folgen vermieden werden".[138] Microsoft bietet solche Produkte hingegen bereits an, auch wenn Chefjustiziar Smith wegen der Missbrauchsgefahr eine gesetzliche Regulierung der Technologie fordert. Zudem weist er darauf hin, dass Microsoft einige Anfragen nach der Software abgelehnt habe, allerdings ohne Namen zu nennen.[139] Amazon ist mit seiner Software *Rekognition* hingegen schon fest am Markt, unter anderem testen Polizeibehörden in Florida die Gesichtserkennung. Trotz von Bürgerrechtlern geäußerter Kritik wegen zu hoher Fehlerkennungsraten (meist zu Lasten von farbigen Menschen[140]) will Amazon die Anwendung auch an die US-Grenzschutzpolizei verkaufen. Beziehungsweise: Die Chefetage möchte das. Weil das eine Unterstützung von Präsident Trumps rigider Einwanderungspolitik bedeuten würde, protestierten 450 Amazon-Mitarbeiter mit einem offenen Brief gegen dieses Vorhaben. Sie schrieben: „Wir müssen eine Wahl zwischen Menschen und Profiten treffen. Wir können gefährliche Überwachungssysteme an die Polizei verkaufen oder uns für das einsetzen, was richtig ist. Wir können nicht beides machen."[141]

Die in Finanz- und Versicherungsbranche eingesetzten KIs stehen weniger im Licht der Öffentlichkeit, obwohl viel mehr Menschen zumindest indirekt von ihnen betroffen sind. Es gibt bereits Hedgefonds, die Zu- und Verkäufe von den Entscheidungen eines intelligenten Algorithmus abhängig machen.[142] Auch das Kreditgeschäft läuft in weiten Teilen algorithmen-gesteuert. Wer sich schon einmal bei seiner Bank nach der Begründung für einen abgelehnten Kredit erkundigt hat, wird wahrscheinlich keine zufriedenstellende Antwort bekommen haben. Denn die Entscheidungen darüber treffen Algorithmen anhand so genannter Kredit-Scores, deren Kriterien in der Regel im Dunkeln liegen. Bei der SCHUFA, einer der größten Auskunfteien für Bonitätsanfragen und bekennender KI-Nutzerin, ist einer SWR-Recherche zufolge möglicherweise auch ein ausländisch klingender Nachname ein Kriterium für einen negativen Score.[143]

Ein ähnlich undurchsichtiges Bild bietet sich bei Kfz-Tarifen. Bei Autoversicherern entscheidet nicht nur das Pkw-Modell über den Tarif. In vielen Fällen berechnen Algorithmen auch das Alter, den Beruf und die Lebensumstände des Kunden in die Beitrags-kalkulation mit ein. Noch weiter gehen Telematik-Tarife, die einige Kfz-Versicherer bereits anbieten.

Dort wird auch das Fahrverhalten, das über einen im Wagen installierten Rekorder mitgeschnitten wird, sowie die Tageszeit und gefahrene Route in die Prämienberechnung mit einbezogen.[144] Wer vorausschauend fährt, sanft durch Kurven gleitet, auf Autobahnen die Richtgeschwindigkeit nicht überschreitet und diese nur an Sonntag-Vormittagen nutzt, kann beispielsweise bei der Allianz-Versicherungsgruppe Geld sparen.

Und was, wenn es trotzdem mal zum Unfall kommt? Dann steht schon die nächste KI bereit: Die Allianz hat bereits eine App im Einsatz, die selbst über die Abwicklung eines Kfz-Schadens entscheiden kann[145].

Eine Künstliche Intelligenz als Personaler? Auch das gibt es schon. Auf der Suche nach Managern setzt das Versicherungsunternehmen *Talanx* zum Beispiel auf ein KI-System, das in einem halbstündigen Telefonat mit den Bewerbern deren Persönlichkeiten analysiert und dann eine Vorauswahl trifft. Die Hotelkette Hilton oder der Kosmetik- und Lebensmittelkonzern Unilever setzen gar auf Videochats, in denen zusätzlich die Gestik und Mimik analysiert werden.[146] In einigen Branchen ist der *gläserne Bewerber* also schon Realität.

Wieviel Entscheidungsmacht Künstliche Intelligenzen haben sollen, ist in Deutschland umstritten. Einer Umfrage des Digitalverbandes Bitkom zufolge würden 15 Prozent der Bundesbürger bei der Beantragung eines Bankkredits eher die Entscheidung einer KI akzeptieren als die eines Menschen. Zehn Prozent würden vor Gericht lieber einer KI als einem menschlichen Richter die Entscheidung über Schuld und Unschuld überlassen. Außerdem befürworten fast zwei Drittel der Befragten eine intelligente Gesichtserkennung im öffentlichen Raum, wie sie am Berliner Südkreuz erprobt wurde.[147]

Viel weiter gehen die Entscheidungsbefugnisse (und viel irrelevanter ist die Meinung des Volkes bei den Aufgaben), die China seinen Algorithmen erteilt. In dem Land, das Künstliche Intelligenz zum Staatsziel erklärt hat[148], soll bis 2020 ein flächendeckendes *Sozialkredit-System* eingeführt sein. So wie nahezu jeder erwachsene Deutsche einen Kredit-Score bei der SCHUFA besitzt, hat jeder Chinese dann einen *Vertrauenswürdigkeits-Score*, den er mit seinem Verhalten beeinflussen kann. Die genauen Kriterien sind auch hier unbekannt, zumal bislang verschiedene Systeme getestet werden. Auch wäre verwunderlich, wenn gerade die kommunistische Führung in Peking die Funktionsweise seines Bewertungsalgorithmus bzw. seiner -algorithmen transparent machen würde.

Immerhin: Der aktuelle Vertrauenswürdigkeits-Wert ist für die Bürger per Smartphone einsehbar. So bestätigen die in mehreren Medienberichten befragten Chinesen, dass sich der Wert erhöht, wenn man ehrenamtlich tätig ist oder viele chinesische Produkte einkauft. Er sinkt hingegen, wenn ein Bürger betrügt, seine Rechnungen nicht begleicht oder Steuern hinterzieht. Selbst eine Missachtung des Rauchverbots kann zu einer Abwertung führen.[149]

Bei der Erfassung des Verhaltens ihrer Bürger setzt die kommunistische Führung auf Big Data, das massenhafte Erfassen und Verarbeiten von Daten in Echtzeit. Und diese Daten bekommt das Regime fast überall her:

Aus Behördendatenbanken, aus dem Surfverhalten, aus dem in China populären Messenger-Dienst *WeChat* und aus Millionen Zahlvorgängen mit dem Smartphone. In keinem Land der Welt ist das *Mobile Payment* so verbreitet wie in China.

Diese Verfügbarkeit von Daten erklärt Chinas Vorsprung im KI-Bereich, resümiert Hans Uszkoreit, wissenschaftlicher Direktor des Deutschen Forschungszentrums für künstliche Intelligenz, im Deutschlandfunk: „Wenn man davon ausgeht, dass die Neuronalen Netze in ihrem Datenhunger, das heißt in der Möglichkeit aus noch mehr Daten von noch mehr Gesichtern, noch mehr Bewegungsabläufen noch bessere Erkennung zu erzielen, dann ist natürlich China der Ort, an dem man diesen Hunger am besten stillen kann. Das ist natürlich ein gefundenes Fressen für die AI, für die Künstliche Intelligenz. AI ist extrem datenhungrig und in China gibt es gute Möglichkeiten, diesen Hunger zu stillen.“[150]

Doch das Futter für die Algorithmen stammt mitnichten nur aus digitalen Quellen. Auch das analoge Leben der Chinesen wird in den Social Score miteinbezogen. 200 Mio. Kameras mit KI-unterstützter Gesichtserkennung sind derzeit im Land installiert, bis 2020 sollen es 600 Mio. sein. Weil jeder Chinese ein biometrisches, also digital erfasstes Passbild hat, wird künftig jeder Mensch im bevölkerungsreichsten Staat der Welt an jedem öffentlichen Ort identifizierbar und bewertbar sein. Selbst von hinten sind die Bürger erkennbar. Möglich machen das Algorithmen, die Menschen auf Distanzen von bis zu 50 Metern an ihrem Gang erkennen können.[151] Das Verhalten im Verkehr, die Pünktlichkeit im Job, die Anwesenheit bei Partei-veranstaltungen, mögliche Liebschaften – dem Scoring-Algorithmus bleibt so nichts verborgen.

Vertrauenswürdig zu sein lohnt sich. Die Bürger, die sich im Sinne des kommunistischen Staates vorbildlich verhalten, profitieren von Rabatten auf ihrer Energierechnung, günstigen Krediten, dem Verzicht auf eine Kaution beim Mietwagenverleih oder gar einem besonders hervorgehobenen Profil beim Online-Dating. Wer jedoch in die unterste Vertrauens-Stufe rutscht, muss mit deutlichen Einschränkungen seiner Freiheit rechnen. Betroffene berichten davon, dass ihnen das Internet gedrosselt wurde, sie keine Grundstücke mehr erwerben dürfen, sie keine Flüge oder Zugverbindungen mehr buchen können und ihre Kinder nicht auf öffentliche Schulen gehen können. Bei diesen Personen handelt es sich mitnichten nur um Schurken. Unter den Personen, die sich mit Auslandskorrespondenten im Geheimen zum Gespräch getroffen haben, sind auch regimekritische Journalisten, Künstler, Intellektuelle oder Gewerkschaftsvertreter.[152]

Mag der Begriff *Big Brother* in den letzten Jahren arg strapaziert worden sein – auf Chinas Überwachungs-system passt er wie angegossen. Offizielles Ziel des Sozialkredit-Scorings ist es, den Handel sicherer zu machen und Betrüger zu identifizieren. Tatsächlich ist es das wohl mächtigste Instrument zur Kontrolle von Menschen, das es je gab.

IV. Die nahe Zukunft mit KI

1. Vorbemerkungen

Wir haben gesehen, in wie vielen Bereichen Künstliche Intelligenz bereits – wahrnehmbar oder verborgen – eingesetzt wird. Und die kommenden Jahre lassen alles andere als einen KI-Winter erwarten. Die Technologie wird noch weiter in Dienstleistungen, in Produktionsprozesse und in den Alltag der Menschen hineinwachsen. 40 Prozent der in einer Umfrage des *Vereins Deutscher Ingenieure* (VDI) befragten Unternehmen halten es für möglich, ihre Maschinenlaufzeiten in fünf Jahren mithilfe von KI zu optimieren.[153] Einer Erhebung des Sicherheitsdienstleisters *Radar Services* zufolge erwarten 89 Prozent der IT-Sicherheitsexperten für das Jahr 2025 einsatzfähige KI-gesteuerte Sicherheitssysteme.[154] Und wenn sie ihnen den Alltag erleichtern, können sich fast drei Viertel der befragten deutschen Endverbraucher vorstellen, mehr KI-Anwendungen zu nutzen. So zumindest das Ergebnis einer Umfrage der Softwareschmiede *Pegasystems*.[155]

Die Zahl der Umfragen lässt erahnen, wie viele Branchen mit der smarten Technologie kalkulieren. Wie viel Geld darin steckt, hat McKinsey im Herbst 2018 berechnet. Die Unternehmensberatung erwartet, dass Künstliche Intelligenz bis 2030 13 Billionen US-Dollar in die globale Wertschöpfung einbringt.[156]

Auch von staatlicher Seite wird KI gefördert. Die Bundesregierung will bis 2025 3 Mrd. Euro investieren und Frankreich bis 2023 1,5 Mrd. Euro. Das US-amerikanische

Verteidigungsministerium gibt in den kommenden fünf Jahren 2 Mrd. Dollar für die Forschung aus und China will KI-Forscher bis 2030 sogar mit 150 Mrd. Dollar unterstützen.[157]

Es kommt also einiges auf uns zu. Was genau, erfordert einen Blick in die Glaskugel – und davon gibt es nicht nur eine. Unstrittig ist, dass es sich bei der Künstlichen Intelligenz um eine Erfindung epochaler Dimension handelt. Viele Experten vergleichen KI mit dem Internet, das als militärisches Projekt begann und heute sämtliche Bereiche der Gesellschaft durchzieht. Noch treffender scheint dem Verfasser dieser Abhandlung der Vergleich mit dem elektrischen Strom zu sein. Denn Elektrizität ist überall im Einsatz, sie ist der Motor für die Wirtschaft und den Konsum, sie ist selbst ein Wirtschaftsgut, mit dem viele Menschen Geld verdienen, sie ist aber in der Regel unsichtbar für den Verbraucher. Und: Neben all seinen positiven Effekten ist Strom gefährlich, ja sogar tödlich.

Schauen wir uns in diesem Kapitel also an, mit welchen durch Künstliche Intelligenz unterstützten Anwendungen wir in naher Zukunft zu rechnen haben. Wir sprechen hier von einem Zeitraum von bis zu 15 Jahren, wohl wissend, dass auch diese Zeitspanne schwer zu überblicken ist. Denn wer hätte im Jahre 2004 vorhergesehen, welche Bedeutung Smartphones heute haben? Versuchen wir trotzdem, einen Blick ins nächste und übernächste Jahrzehnt zu werfen.

2. KI als Sprachkünstler

Viele Analysten sehen die Zukunft des Internets in der Spracheingabe und die KI als den Schlüssel dazu. Hatten die Anbieter von Onlinediensten ihre Anwendungen in den vergangenen Jahren vor allem auf die Nutzung am Smartphone zugeschnitten, setzen die Unternehmen nun vermehrt auf die sprachliche Interaktion. *Voice First* statt *Mobile First* gilt nicht nur bei Google und Amazon, den Platzhirschen im Sprachassistenz-Segment.[158]

Die Gründe für den Paradigmenwechsel dürften in den enormen Fortschritten in der Spracherkennung liegen, aber auch in der positiven Marktentwicklung von Smart Speakern. Die schlauen Boxen haben es in nicht einmal fünf Jahren in jeden zweiten US-Haushalt geschafft. So eine rasche Marktdurchdringung gelang nicht einmal dem Smartphone![159] Weltweit werden bis 2021 7,5 Mrd. Sprachassistenten im Einsatz sein[160] – damit wird es so viele Siris und Alexas geben, wie es Menschen auf der Welt gibt!

Bei solchen Prognosen ist Vorsicht geboten, haben sich Aussagen über die Zukunft der Spracherkennung doch immer wieder als falsch herausgestellt.[161] Doch wenn wir den Weg vom SUR-Project über Jeopardy bis hin zu Joe Brady noch einmal nachgehen, spricht wenig dafür, dass die Zukunft der KI sprachlos ist.

Eine Rolle kommt dabei auch der verbesserten Sprachsynthese zu. Wie menschlich künstliche Systeme heute klingen können, hat Google im Mai 2018 mit *Duplex* gezeigt, einer Erweiterung für den Google Assistant. Auf der hauseigenen Entwicklerkonferenz zeigte

Unternehmenschef Sundar Pichai, wie die Assistenz-App eigenständig einen Friseursalon anruft und mit der Mitarbeiterin einen Termin vereinbart. Die weibliche Stimme der Duplex-App begrüßte die Dame am Telefon, sagte, sie wolle für eine Kundin einen Termin machen, antwortete auf Nachfragen und verabschiedete sich nach der erfolgreichen Terminabstimmung höflich.[162] Pichais Zuhörer jubelten.

Die Friseurin hatte offenkundig nicht bemerkt, dass sie mit einem Neuronalen Netz sprach.

Auch weitere im Google-Blog abrufbare Telefonmitschnitte lassen die Angerufenen im Dunklen darüber, wer sie angerufen hat.[163] Die Beispiele zeigen, dass die künstlichen Stimmen – es steht eine weibliche und eine männliche zur Auswahl – immer wieder Fülllaute wie „Mmh" oder umgangssprachliche Ausdrücke wie „Awesome" in das Gespräch einbauen und die Sprechgeschwindigkeit variieren, wie es auch Menschen im Gespräch tun. Dadurch klingt Duplex selbst menschlich – *erschreckend menschlich*, findet die Soziologin Zeynep Tufekci. Die Professorin an der University of Carolina kritisierte die Duplex-Premiere auf Twitter: „Google Assistant gibt vor, ein Mensch zu sein, nicht nur ohne zu enthüllen, dass es ein Bot ist, sondern es fügt ‚mmh' und ‚aaah' hinzu, um den Menschen am anderen Ende zu täuschen. Und das Publikum johlt – erschreckend! Das Silicon Valley ist ethisch verloren, ruderlos und hat nichts gelernt."[164]

Auch viele andere Kommentatoren brachten ihr Unbehagen darüber zum Ausdruck, dass Duplex sich als Mensch ausgibt. Google reagierte prompt auf die Kritik und verwies darauf, dass bei der Präsentation eine frühe Demoversion von Duplex zu sehen gewesen sei. Wenn der Dienst in den kommenden Monaten auf den ersten Android-Smartphones in einigen US-Städten an den Start geht, werde sich der *Assistant* bei Anrufen als Maschine zu erkennen geben.[165] Aber ob die „Mmhs" und „Aahs" dann nicht ein bisschen deplatziert wirken?

3. KI im Straßenverkehr

Auf der Fahrt zur Arbeit noch eben die Facebook-Timeline checken, die Präsentation fürs morgendliche Meeting vorbereiten oder noch ein halbes Stündchen die Augen zumachen – wenn das *Autonome Fahren* Realität wird, werden Autofahrer viel mehr Freizeit haben. Oder sagen wir besser: *Autonutzer*, denn *selbst fahren* werden viele Menschen in Zukunft nicht mehr. Diese Zukunft ist greifbar: Die heutige Erwachsenengeneration wird die Zeit der selbstfahrenden Autos noch erleben, und ein Kind, das heute geboren wird, wird für sein erstes eigenes Auto vermutlich keinen Führerschein mehr benötigen. Falls es in Zukunft überhaupt noch einen Wert hat, ein eigenes Auto zu besitzen.

Heute fahren erst wenige Fahrzeuge im öffentlichen Straßenverkehr autonom, und das auch nur in wenigen Situationen und unter menschlicher Kontrolle. Doch gibt es bereits Fahrzeuge, die die nötige Hardware für das völlig eigenständige Fahren an Bord haben. Alle seit 2016 gebauten *Tesla*-Vehikel besitzen acht Kameras und einen Frontradar und nehmen mit Hilfe von zwölf Ultraschallsensoren alle Gegenstände im Umfeld von acht Metern war. Dazu besitzen sie gängige Assistenzsysteme wie einen Spurhalte- und Bremsassistenten sowie ein integriertes Navigationssystem.[166]

Alle Techniken zusammen ermöglichen dem Wagen theoretisch, sich selbst im Verkehr fortzubewegen. Dank der vielen Sensoren und der Positionsdaten berechnet das Auto, wo es sich befindet, welche anderen PKWs in seiner Nähe sind, wie schnell und in welche Richtung sie sich bewegen, ob am Straßenrand Fußgänger oder Radfahrer sind und in welcher Farbe die nächste Ampel leuchtet. So weiß der Bordcomputer, wohin er lenken muss, wann er seine Geschwindigkeit anpassen muss oder wann ein Überholmanöver sinnvoll ist.

Betrachten wir den Weg, den die Künstliche Intelligenz-Forschung in den letzten 60 Jahren zurückgelegt hat, ist es offensichtlich, wie anspruchsvoll es für einen Computer ist, diese Aufgaben souverän zu erledigen. Der Algorithmus muss jede Menge Daten aus den Sensoren aufnehmen, sie speichern, sortieren und bewerten, er muss sie mit den Kartendaten abgleichen, er muss aus der Bewegung des eigenen sowie der anderen Autos die aktuelle Verkehrssituation einschätzen, die nächsten Sekunden voraussehen und dementsprechend Entscheidungen treffen.[167] Und er muss dies unheimlich schnell tun, um die Gefahren für den Passagier und die anderen Verkehrsteilnehmer bei unerwarteten Ereignissen zu minimieren. Wenn die Verkehrssicherheit oberste Priorität hat, erscheint die unglaubliche Zahl von 320 Billionen Deep-Learning-Berechnungen pro Sekunde nicht unangemessen, die die neueste Autopilot-Schaltzentrale des Chipherstellers NVIDIA ausführen kann.[168]

Heute freilich genügt noch ein Bruchteil der Rechenleistung. Denn aktuelle Autos fahren höchstens teilautonom. Audis Topmodell A8 kann bis zu einer Geschwindigkeit von 60 km/h selbst fahren. Doch das genügt für den beworbenen Anwendungszweck: Das System heißt *Audi AI Staupilot* und erspart den Fahrern immerhin das nervige Navigieren durch die Stop-And-Go-Schlange auf der Autobahn.[169] Teslas können heute bereits eigenständig überholen und Bundesstraßen an Abfahrten automatisch verlassen.[170]

In diesem Rahmen ist autonomes Fahren auf öffentlichen Straßen in einigen Ländern und US-Bundesstaaten erlaubt, auch in Deutschland. Der Bundestag hat Mitte 2017 ein Gesetz verabschiedet, das Fahren auf dem *Autonomie-Level 3* auf deutschen Straßen ermöglicht.[171] Das heißt: Der Fahrer kann die Hände vom Lenkrad nehmen und beispielsweise lesen oder das Smartphone bedienen, solange er im Zweifelsfall wieder in den Verkehr eingreifen kann.

Doch die von der *Society of Automotive Engineers* festgelegte Klassifikation sieht noch zwei weitere Stufen für PKW-Autonomie vor: In Level 4 entscheidet das Auto auch in kniffligen Situationen, was zu tun ist. Wenn der Fahrer in Gefahrensituationen nicht das Steuer übernimmt, steuert und entscheidet der Bordcomputer. Volvo plant, 2021 sein SUV *XC90* mit dem Autonomie-Level 4 in den Verkehr zu schicken. Für 2022 wollen gar 20 Autohersteller ihre Wagen fit für diese Norm gemacht haben.[172]

Teslachef Elon Musk hat hingegen bereits Level 5 im Blick, und damit die Krone des selbstständigen Fahrens. In dieser Stufe ist ein Fahrer optional. Ob der Passagier

Ein selbstfahrender Volvo des Taxidienstleisters *Uber* in San Francisco –
für den Fall der Fälle ist ein Sicherheitsfahrer an Bord.

dann liest, schläft oder doch lieber selbst fährt, bleibt ihm überlassen.[173] Die Software des bei Tesla schlicht *Autopilot* genannten Systems wird peu à peu fit für den vollautomatisierten Betrieb gemacht. Bereits nächstes Jahr, 2020, soll laut Musk das höchste Autonomielevel erreicht sein.[174] Auch Daimler und BMW rechnen mit den ersten völlig autonomen Autos zu Beginn des nächsten Jahrzehnts.[175] Für das Jahr 2050 schätzt das Prognos-Institut, dass 70 Prozent der Fahrzeuge auf Autobahnen völlig autonom fahren werden. Und mit einer völligen Fahrerlosigkeit rechnet VW in 60 Jahren.[176]

Doch nicht nur der Komfort spricht für das Autonome Fahren. Auch die erhöhte Verkehrssicherheit ist ein häufig vorgebrachtes Argument für die fahrerlose automobile Zukunft. Elon Musk ist überzeugt, dass selbstfahrende Autos bereits 2020 zehnmal besser werden fahren können als Menschen.[177] Auch Lior Sethon, Vorstandsmitglied des Autozulieferers *Mobileye,* hält

„Homo Sapiens für schlechte Autofahrer".[178] Die jährlich 1,25 Mio. Verkehrstoten auf der Welt gingen überwiegend auf das Konto der Menschen, sagte er im Sommer 2018 auf einer Fachkonferenz in Berlin. Lior ist überzeugt, dass autonome Autos die Unfallzahlen um 90 Prozent senken könnten.[179] Vorsichtiger, aber konkreter ist da der Verein Deutscher Ingenieure (VDI): Die Zahl der über 3.100 Menschen, die 2017 in Deutschland im Verkehr ums Leben gekommen sind, könne durch die zunehmende Automatisierung bis 2020 um 730 gesenkt werden.[180]

Eine große Rolle kommt dabei der Vernetzung des Verkehrs zu. Die Kommunikation der Fahrzeuge untereinander soll nach Wunsch der Forscher ein kooperatives, ja ein tatsächlich vorausschauendes Fahren ermöglichen.[181] Wenn die rollenden KIs sachlich und kooperativ den Verkehrsfluss steuern, könnten vielleicht die 80 Mrd. Euro gespart werden, die Staus auf deutschen Straßen Jahr für Jahr kosten.[182]

Gehören rücksichtsloses Drängeln und aggressive Überholmanöver also bald der Vergangenheit an? Ist das Autonome Fahren der Schlüssel zur *Vision Zero*, in der niemand mehr im Straßenverkehr sein Leben verliert?

Für den Philosophen Richard David Precht ist es sogar mehr. In der Utopie, die er in seinem Buch *Jäger, Hirten, Kritiker* entwirft, wird das selbstfahrende Auto (er meidet den Begriff *autonom*, weil das selbstfahrende Auto ja gerade dem Passagier Autonomie schenkt) kein Besitzgegenstand mehr sein, zumindest nicht in Städten. Wer ein Auto benötigt, der bestellt eines per

App und zahlt nach Tarif. Autos, die einfach nur rumstehen, gibt es in Prechts Vision nicht mehr. Die Folge: viel mehr Platz in den Städten. „Parkstreifen werden weitgehend überflüssig und können hübsch begrünt oder für die Gastronomie genutzt werden. Die Autos kommen aus zentralen Tiefgaragen oder wechseln wegesparend ihren Fahrgast. […] Die Stadt wird leiser, grüner und vor allem: sicherer! […] Den Kindern der Zukunft muss nicht mehr ganz so scharf eingetrichtert werden, was jedes deutsche Kind lernen musste: große Angst vor Autos und Verkehr zu haben! Staus können weitgehend vermieden werden, und die Schadstoffemissionen sinken beträchtlich. Was für ein Zugewinn an Lebensqualität!"[183]

Prechts Utopie ist nicht aus der Luft gegriffen: Er beruft sich auf den Informatiker Daniel Göhring, der an der FU Berlin zum Autonomen Fahren forscht. Göhring zufolge würden mindestens vier von fünf Autos aus den Städten verschwinden, wenn wir alle mit autonomen Taxis fahren.[184]

Doch bis dahin ist es noch ein weiter Weg. In Testreihen mit teilautonom fahrenden Autos im öffentlichen Raum gab es bereits mehrere tödliche Unfälle, die entweder auf unausgereifte Software oder auf menschliches Versagen, sprich Ablenkung, zurückzuführen sind.[185]

Und genau das sieht der Verkehrspsychologe Thomas Wagner beim Autonomielevel 2 und 3 als Hauptproblem: Der Fahrer muss hier stets *wahrnehmungsbereit* sein und im Zweifelsfall *unverzüglich* eingreifen. Doch was, fragte Wagner auf einer Veranstaltung des Deutschen Verkehrssicherheitsrates im November 2018, bedeuten die Begriffe? Ein Eingreifen in einer oder fünf Sekunden? Studien würden belegen, dass es nach einer *hohen Ablenkung* noch sechs bis sieben Sekunden dauere, bis die Hände wieder am Lenkrad seien. Der Wissenschaftler verwies auf eine Studie der Uni Dresden, nach der sich beim Fahrer nach einigen Monaten unfallfreien Autonomen Fahrens eine Gewöhnung einstelle. Wagner ist skeptisch, ob der Fahrer im Falle eines Falles schnell genug aus dem „Stand-by-Modus" herauskäme.[186]

Es scheint, als bliebe der Mensch auch in den nächsten Jahren der größte Unsicherheitsfaktor im Verkehr. Doch bevor das vollautomatisierte Zeitalter anbricht, sind noch weitere Fragen zu klären, zum Beispiel die der Verantwortung bei Unfällen. Bereits ab Level 3 kann ein Autohersteller haftbar gemacht werden, wenn während des teilautonomen Fahrens ein Unfall geschieht.[187] Doch *Haftung* und *Schuld* sind nicht dasselbe. Was, wenn ein autonomes Fahrzeug einen Menschen tötet? Kann eine Maschine im moralischen Sinne *schuldig* sein? Werden die Angehörigen damit zurechtkommen, dass der Tod eines geliebten Menschen auf das Konto einer Maschine geht, die durch eine andere Programmierung vielleicht anders entschieden hätte? Und hilft es da, wenn eine KI rechtlich als *elektronische Person* gilt, wie es beispielsweise das Europäische Parlament will?[188] Ein weitere moralische Frage stellt sich, wenn das KI-System in einer unvorhergesehenen Situation zwei Optionen hat, die voraussichtlich aber beide Menschenleben fordern werden. Das in der Moralphilosophie oft bemühte *Trolley-Problem* kann auch auf selbstfahrende

Autos angewendet werden: Wenn der Wagen einem
Hindernis ausweichen muss, links aber eine Schüler-
gruppe geht und rechts ein älterer Herr – in welche
Richtung soll er dann steuern? Und welchen Stellenwert hat der Fahrer bzw. Passagier des Autos, wenn
er bei einem Ausweichmanöver, das viele Menschen
rettet, mit der höchsten Wahrscheinlichkeit stirbt?
Muss der autonome Wagen zunächst seine Insassen
schützen?

Nach deutschem Recht dürfen Opfer nicht *aufgerechnet*
werden, der Computer darf also nicht nach der Menge
oder dem Alter der voraussichtlichen Toten entscheiden, weil das der Würde der in Kauf genommenen
Opfer zuwider liefe. Doch für eine Seite muss sich der
Computer ja nun entscheiden! Für welche, darauf hat
die 2016 vom Bundesverkehrsministerium eingesetzte
Ethik-Kommission Automatisiertes und vernetztes Fahren
keine abschließende Antwort gefunden.[189] Und auch
die über 40 Mio. Menschen, die auf der Website *Moral
Machine* verschiedene Dilemma-Situationen bewertet
haben, haben höchst unterschiedliche Ansichten zu
richtigen bzw. *falschen Entscheidungen* autonomer Fahrzeuge.[190] Was nun? Die Philosophin Katrin Misselbach
ist der Ansicht, dass es in einem solchen Falle gar kein
richtig oder falsch geben kann. Eine solch gravierende
Entscheidung dürfe nicht im Vorhinein festgelegt werden, sagte die Direktorin des Instituts für Philosophie
der Uni Stuttgart im Interview mit dem Hessischen
Rundfunk. Dem vollautonomen Fahren stehe sie deshalb grundsätzlich skeptisch gegenüber.[191]
Der indische IT-Berater K. R. Sanjiv verweist auf die Flexibilität menschlicher Entscheidungen, die Maschinen

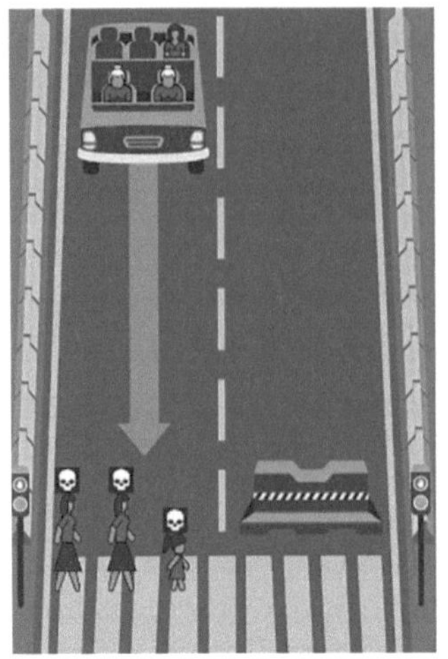

Welche – in jedem Fall tödliche – Entscheidung ist moralisch richtig?
Screenshot aus *moralmachine.mit.edu*

abgingen. Diese würden „bis in alle Ewigkeit" immer wieder die gleichen Entscheidungen treffen. Ein Auto könne nicht so entscheiden, wie es ein Mensch mit einem Bewusstsein könne, schreibt Sanjiv auf seiner Seite im Sozialen Netzwerk *LinkedIn*: „Alles was ein Fahrzeug tun kann, ist das zu machen, was ihm einprogrammiert wurde". An menschlichen Entscheidungen gebe es hingegen nichts Unveränderliches: „Das eigentliche Problem dabei ist, dass Gefühle, Emotionen, Beziehungen, Werte, Moral und Ethik fließende Dinge sind. Sie ändern sich je nach Alter, Geschlecht, Kultur, Beruf und Umgebung. Dies stellt für einen Programmierer und für selbstlernende Systeme eine unverständliche Komplexität dar."[192]

Doch es gibt Ansätze dafür, diese *fließenden Dinge* in Algorithmen zu bekommen. Einer stammt von Peter Ekkersley von der NGO *Partnership for AI*. Die Organisation, die unter anderem von Google, Facebook und Amazon unterstützt wird, will einen verantwortungsvollen Umgang mit Künstlicher Intelligenz fördern. Eckersleys Idee beruht darauf, Unsicherheit ins KI-System einzupflanzen. Der Algorithmus soll Prioritäten für mögliche Entscheidungen setzen, aber keine eindeutige Präferenz festlegen. Letztlich soll er einen Menschen entscheiden lassen. Immerhin, so Eckersley, seien sich Menschen bei ihren Entscheidungen auch nicht immer sicher.[193]

Im Falle eines Ausweichmanövers ist es für eine Konsultation des Fahrers freilich zu spät (außerdem wären wir dann wieder auf dem Autonomielevel 3).

Vielleicht ist in diesem Falle also die feste Programmierung von Entscheidungswegen doch der richtige Weg. Richard David Precht schlägt in *Jäger, Hirten, Kritiker* vor, die Ethik bei der Frage des autonomen Ausweichen ganz auszuklammern: „Eine rein technische Lösung ist viel besser: Fahrer schützen, nach rechts ausweichen, wenn das nicht geht, nach links. Solange man das Auto nicht mit einer Sensortechnik zur Gesichtserkennung ausstattet, die Personen nach Alter, Geschlecht und so weiter erkennt (und man muss ja nicht!), sind all' die bizarren Gedankenspiele um den Lebenswert von Rentnern und Kleinkindern bei der Auto-Programmierung weitgehend gegenstandslos. Das Auto bleibt ethisch neutral, und Angst vor seinen Lernerfahrungen braucht niemand zu haben."[194]

Auch aus Sicht des Datenschutzes sind noch einige Fragen offen, bevor die Ära des KI-Verkehrs anbricht. Der ADAC bemängelt, dass bislang nur die Autohersteller wüssten, welche Daten beim automatisierten Fahren erhoben würden. Der Verband vermutet, dass dadurch auch Rückschlüsse auf den technischen Zustand des Wagens und das Fahrverhalten gezogen werden könnten.[195]

Auf jeden Fall ist die Menge der anfallenden Daten enorm: Das bereits erwähnte KI-System von NVIDIA kann pro Sekunde 1 Terabyte an Daten verarbeiten, die von den diversen Sensoren und Kameras zugeliefert werden. Das entspricht der Menge von über 200 DVDs! Es ist noch offen, wem diese Daten gehören – dem Passagier, wie es die Ethik-Kommission des Bundes fordert, den Herstellern, oder gar der Allgemeinheit? Denn auch die anderen PKWs liefern ja Daten, aus denen jedes Fahrzeug sein Bild von der aktuellen Verkehrslage generiert. Diese Kommunikationsdaten müssten, wenn die Branche mit der Vernetzung ernst macht, natürlich an einem externen Ort liegen, auf den alle Fahrzeuge zugreifen können. So etwas wie eine gemeinsame, sichere *Autocloud* gibt es bislang aber nicht – von einer lückenlosen Mobilfunkabdeckung in Deutschland ganz zu schweigen! Nicht zuletzt sind zumindest die Standortdaten *personenbezogene* Daten, die nach dem europäischen Datenschutzrecht nur mit Zustimmung der betreffenden Person(en) oder anonymisiert verarbeitet werden dürfen. Hier gibt es bislang keine Standards, die die Kommunikation zwischen Tesla, Volvo, Audi und allen anderen bald-autonomen Wagen regeln könnten.

Kein Zweifel: Die Zukunft der KI liegt (auch) auf der Straße. Allerdings nur dann, wenn die Menschen sie dort überhaupt haben wollen. Denn viele Menschen fahren schlicht und ergreifend gerne selbst Auto! *Wer wie* fährt ist auch ein Ausdruck von Persönlichkeit. Zwei Drittel der von Forsa befragten Autofahrer sind sich sicher, dass mit dem Autonomen Fahren der Fahrspaß verloren ginge[196] – und damit ein wesentliches Verkaufsargument der Hersteller.

Auch der Besitz eines Autos ist für viele Menschen ein Wert an sich. In vielen Kreisen gilt ein Auto nicht nur als Transportmittel, sondern als Statussymbol, dessen Pflege ein leidenschaftlich betriebenes Hobby ist. Was wird in Zeiten von vollautomatischen Robotaxis aus der automobilen Passion?

Wir sehen: So langsam nähern wir uns den Fragen für unser *wichtigstes Gespräch*.

4. KI in der Arbeitswelt

Es gibt wohl kein KI-bezogenes Themenfeld, das in der öffentlichen Diskussion präsenter ist als die Auswirkungen der neuen Technologie auf die Arbeitswelt. Es gibt eine Vielzahl von Prognosen über die Zahl der Berufe, die in den nächsten Jahren durch Algorithmen oder Roboter verändert oder ersetzt werden. Eine häufig zitierte Studie aus Oxford prognostizierte 2013, dass in den nächsten 25 Jahren (also bis 2038) fast die Hälfte aller Berufe in den am weitest entwickelten Ländern obsolet wird.[197] Die OECD spricht in einer aktuellen Untersuchung immerhin von 14 Prozent durch Automatisierung gefährdeten Berufen. 32 Prozent der Arbeitsfelder in den 32 untersuchten Staaten werden sich den Forschern zufolge stark verändern. Und das Institut für Arbeitsmarkt- und Berufsforschung der Bundesagentur für Arbeit (IAB) sieht für Deutschland ein Viertel der Berufe in direkter Konkurrenz mit den neuen Technologien. 46 Prozent stünden vor starken Veränderungen.[198]

In keiner der Untersuchungen ist ausschließlich von KI-Anwendungen die Rede; das IAB und die OECD weisen der Technologie aber beide einen deutlichen Einfluss auf die Ersetzbarkeit von Jobs zu.

Angesichts der Angst, die solche Studien bei vielen Arbeitnehmern hervorrufen, ist die Darstellung der Studien in den Medien häufig reichlich unsensibel. Selbst renommierte Medien sprechen von „Jobfressern" und warnen: „Diese Jobs erledigt bald Künstliche Intelligenz", oder fragen in guter alter Klickköder-Manier:

„Macht Künstliche Intelligenz uns alle arbeitslos?"[199] So wundert es nicht, dass in einer Umfrage des Bundesverbands Digitalwirtschaft über zwei Drittel der Befragten vermuteten, Künstliche Intelligenz werde „massenhaft Arbeitsplätze" vernichten.[200]

Bei genauer Betrachtung wird hingegen deutlich, dass das IAB und die OECD nur einen Teil der zu einem Beruf gehörenden Tätigkeiten für automatisierbar halten. Liegt dieser Wert über 70 Prozent, gehen die Forscher von einer *hohen Substituierbarkeit,* sprich: einer hohen Wahrscheinlichkeit aus, dass die Tätigkeit künftig von Robotern oder Computern erledigt wird. Liegt der Wert bei maximal 30 Prozent, hält das IAB die Gefahr einer Ersetzbarkeit durch Automatisierung für gering. Das Institut der Arbeitsagentur hat bereits 2016 eine Suchmaschine namens *Job Futuromat* gestartet, in der nach Eingabe eines Berufes der Wert für dessen Substituierbarkeit angezeigt wird. Versicherungskaufleute haben demnach mit 75 Prozent ein hohes Risiko, durch Automatisierung arbeitslos zu werden, weil sechs der acht üblicherweise ausgeführten beruflichen Tätigkeiten von Computern übernommen werden können. Fokoku Mutal lässt grüßen. Für die zehn Tätigkeiten hingegen, die einen Straßenbauer definieren (Basis für die Tätigkeiten sind jeweils Ausbildungsordnungen oder Stellenausschreibungen), gibt es laut der Suchmaschine derzeit keinerlei technologische Alternativen. Auch Lehrer, Psychotherapeuten und Theaterleiter dürfen sich erst einmal zurücklehnen. Sie arbeiten in Arbeitsfeldern, in denen Menschenkenntnis und Menschenführung gefordert ist.[201] Lageristen, Bankkaufleute und Kassierer hingegen sollten wegen des hohen

Automatisierungsrisikos jedoch ernsthaft über ihre berufliche Zukunft nachdenken, wenn sie der Analyse des Job Futuromats Glauben schenken.

Richard David Precht, vom baldigen automatisierten Verkehr überzeugt, sieht auch LKW-, Bus- und Taxifahrer von der Arbeitslosigkeit bedroht. Er ist der Ansicht, dass jede Tätigkeit, deren Routinen algorithmierbar sind, prinzipiell ersetzbar sei. Auch für die OECD ist die Routine in handwerklichen oder geistigen Tätigkeiten das Hauptkriterium für die Automatisierbarkeit des Berufes.[202] Doch Precht geht so weit, dass er auch Techniker und Informatiker, die häufig als *Berufe der Zukunft* bezeichnet würden, für obsolet hält: „Denn wenn die Künstliche Intelligenz eines in Zukunft mit Sicherheit können wird, dann ist es Programmieren. Nur besonders hoch qualifizierte Spezialisten werden in den sogenannten MINT-Fächern (Mathematik, Informatik, Naturwissenschaft und Technik) dauerhaft gebraucht: Webdesigner für virtuelle Welten oder Menschen, die Roboter bauen, warten und reparieren und neue Geschäftsideen entwickeln. Der ‚normale‘ Informatiker hingegen ist mittel- bis langfristig wahrscheinlich ersetzbar.“[203]

Laut IAB werden sich auch die Jobs mit mittlerem Automatisierungsrisiko – immerhin 46 Prozent der Berufe – auf Veränderungen einstellen müssen. Nicht alle Tätigkeiten, die von Maschinen erledigt werden *könnten, würden* auch von ihnen erledigt. Die Forscherinnen weisen darauf hin, dass beispielsweise rechtliche oder finanzielle Gründe dagegen sprechen könnten.[204] Doch die meisten Arbeitnehmer, die weiterhin gebraucht werden, werden sich wohl an die Zusammenarbeit mit *Kollege KI* gewöhnen müssen. Nicht nur die Verkäufer, Bankangestellten oder Altenpfleger, denen Pepper oder ein anderer Assistenzroboter zur Hand geht, werden bald mit einem *Cobot* (Wortschöpfung aus den Begriffen *Colleague* und *Robot*) zusammenarbeiten, der ihnen in irgendeiner Weise Arbeit abnimmt.

Wo immer es um sich wiederholende Tätigkeiten oder die Analyse von langen oder vielen Texten oder Bildern geht, können die smarten Maschinen – sei es in Form von Computeranwendungen oder Robotern – ihre Stärken ausspielen. Für die Betroffenen muss das nicht einmal negativ sein. Wenn ein Jurist (Substituierungspotential laut IAB: 67 Prozent) keine Gesetze und Kommentare mehr durchforsten muss, sondern ein Programm diese Aufgabe erledigen lässt, hat er mehr Zeit für seine Klienten. Wenn eine Speditionsfachkraft (64 Prozent) keine Disposition mehr durchführen muss, hat sie mehr Zeit für die Kundenberatung oder die Auftragsakquise. Und auch Ärzte sollten die Hilfe von Cobots nicht grundsätzlich ablehnen, wenn die KI-gestützte Analyse genetischer Daten, MRT- oder CT-Aufnahmen ausgereift und für alle Mediziner nutzbar ist.

Das IAB vermutet, dass durch die KI-Technik auch neue Jobs entstehen werden. Den Beruf *Data Scientist* und *Interfacedesigner* gab es vor fünf Jahren noch nicht, zumindest nicht als offiziell in Deutschland anerkannte berufliche Tätigkeit.

Im Zuge der größeren KI-Präsenz in Produktion und Dienstleistung werden wohl weitere Spezialistenjobs dazu kommen. Eine von der Unternehmensberatung *Accenture PLC* durchgeführte Studie macht drei Berufsfelder aus, die durch KI entstehen werden: Trainer, Erklärer und Erhalter. *Trainer* bringen den Neuronalen Netzen bei, wie sie funktionieren sollen und welche Ergebnisse erwünscht sind (*Überwachtes Lernen*, siehe Kapitel II.7). Dazu zählen auch *Empathietrainer*, die den Algorithmen den sensiblen Umgang mit Menschen beibringen. *Erklärer* schließen, so die Accenture-Autoren, die Lücke zwischen Technikern und den Wirtschaftsbossen: „Unternehmen, die fortgeschrittene KI-Systeme einsetzen, benötigen eine Reihe von Mitarbeitern, die in der Lage sind, Nicht-Technikern das Innenleben von komplexen Algorithmen zu erklären.“[205] *Erhalter* schließlich sorgen dafür, dass die Systeme funktionieren wie sie sollen. Dazu zählen die Autoren auch *Automatisierungsethiker*, die die nicht-ökonomischen Auswirkungen der von Algorithmen getroffenen Entscheidungen im Blick behalten. „Diese Arbeitnehmer werden als eine Art Wachhund und Ombudsmann für die Einhaltung von Werten, Normen und Moralvorstellungen fungieren“, so die Accenture-Autoren. Sie weisen darauf hin, dass nicht alle der KI-bezogenen Jobs einen hohen Bildungsabschluss benötigen. Ein Automatisierungsethiker könne mit einer entsprechenden Ausbildung auch aus einem Arbeitsfeld kommen, das zuvor der Automatisierung zum Opfer gefallen sei. Die Angst vor der Automatisierung der Arbeitswelt ist mitnichten etwas Neues. Um Beispiele aus der Vergangenheit zu finden, müssen wir aber nicht bis zu den Maschinenstürmern zurück gehen. „Automation in Deutschland“ titelte beispielsweise der SPIEGEL im

Ausgabe 14/1964   Ausgabe 16/1978   Ausgabe 36/2016

April 1964. Abgebildet ist ein Roboter, der einen Arbeitnehmer aus der Fabrik kickt. In diesem Jahr, mitten im deutschen Wirtschaftswunder, betrug die durchschnittliche Arbeitslosenquote 0,8 Prozent. Tendenz: sinkend. „Die Computer-Revolution – Fortschritt macht arbeitslos" war das Leitthema im SPIEGEL April 1978. Auf der Titelseite: Ein Roboter, der einen Arbeiter am Haken hält. Erwerbslosenquote 1978: 4,3 Prozent, Tendenz: sinkend. Und im September 2016 titelt der SPIEGEL: „Sie sind entlassen!". Auf der Titelgrafik eine Roboterhand, die einen Angestellten aus seinem Bürostuhl hebt. Mittlere Arbeitslosenquote in 2016: 5,8 Prozent, Tendenz: sinkend.

Zum Zeitpunkt der Manuskripterstellung Ende 2018 ist die Arbeitslosenquote unter 5 Prozent und auf dem niedrigsten Stand seit der Wiedervereinigung.[206]

Wir sehen: Die fortschreitende Technisierung der Arbeitswelt in den letzten fünf Jahrzehnten hat allen Pessimisten zum Trotz keine Massenarbeitslosigkeit hervorgerufen.

Doch wie wird die Arbeitsplatzbilanz der KI-Lawine ausfallen? Werden dem „größten Umbruch in der

Geschichte der Informationstechnologie", wie das Marktforschungsinstitut *Gartner* die KI-Technologie nennt[207], mehr Jobs zum Opfer fallen als geschaffen werden oder ist es gar umgekehrt? Hier gehen die Prognosen weit auseinander: Für die USA rechnet das Marktforschungsinstitut Forrester Research mit 15 Mio. neuen Arbeitsplätzen, denen aber 25 Mio. Jobverluste gegenüberstehen. Die Wirtschaftsprüfer von *PriceWaterhouseCoopers* rechnen für Großbritannien mit einem Patt, dass sich Arbeitsplatzverluste und -schaffungen also die Waage halten.[208] Das Weltwirtschaftsforum schließlich erwartet bis 2022 eine Netto-Zunahme von weltweit 58 Mio. Arbeitsverhältnissen durch die Automatisierung.

Natürlich sagt das nichts über die Arbeitsbedingungen in den Jobs der Zukunft aus. Selbst in einer Welt voller selbstfahrender Autos bräuchte es immer noch hochspezialisierte LKW-Fahrer, glaubt die Soziologin Annette Bernhardt, die an der Universität Berkeley lehrt. Der ZEIT-Artikel *Zukunft der Arbeit* gibt Bernhardts Ansicht wieder, dass für Fahrten in großen Städten oder für Transporte gefährlicher Güter auch künftig Menschen gebraucht würden. Nur, so schließen die ZEIT-Autoren, „wären die Fahrer dann wohl nicht mehr Angestellte einer Speditionsfirma, sondern Wanderarbeiter zwischen digitalen Plattformen, die es für Taxifahrten schon heute gibt. So etwas wie Uber für Lkw etwa. Das heißt: kein festes Gehalt, keine soziale Absicherung, keine Lebensplanung. Die Fahrer würden Teil der ,Gig-Economy', einer Wirtschaft, in der man für den schnellen kleinen Einsatz bezahlt wird. So wie manche Essenslieferanten, die schon heute auf ihren Fahrrädern für Deliveroo die Großstädte durcheilen.“[209] Und was ist, wenn die die KI in Zukunft in wirklich allen Arbeitsbereichen so gut oder besser ist als Menschen? Auf dieses Gedankenexperiment lässt sich Richard David Precht ein. In seiner Utopie sind wir Menschen schließlich von der Pflicht zur Arbeit entbunden. Wir arbeiten nur noch, wenn wir Lust dazu haben. Voraussetzung dafür sei neben einem radikalen Umdenken in den Unternehmen ein ausreichend hohes bedingungsloses Grundeinkommen, das durch die hohe Wirtschaftlichkeit der intelligenten Maschinen aber problemlos zu erwirtschaften sei.[210]

Auch der Futurist Ray Kurzweil rechnet wegen der wachsenden Leistungsfähigkeit von Maschinen und Algorithmen mit der baldigen Einführung eines bedingungslosen Grundeinkommens. Der Leiter der technischen Entwicklung bei Google legt sich sogar auf den Zeitpunkt fest: Anfang der 2030er-Jahre wird die westliche Welt das *Universal Basic Income* einführen, bis Ende des Jahrzehnts die gesamte Welt.[211]

„Künstliche Intelligenz spielt eine Schlüsselrolle in der Entwicklung der *Robotic and Autonomous Systems Strategy*", heißt es in einem Strategiepapier der US-Armee

5. KI im Krieg?

Einer der umstrittensten Einsatzzwecke Künstlicher Intelligenz sind autonome Waffen. Man stelle sich Drohnen vor, die selbst entscheiden, wann der beste Zeitpunkt zum Abschuss der Zielperson ist, Panzer, die Feldstrategien entwickeln, autonom durchs Terrain fahren und schießen, sobald ein Feind über Sensoren und Bilderkennungsalgorithmen erfasst wird. Oder Miniatur-Quadcopter, die eigenständig ihr Ziel finden und sich auf selbiges stürzen, um dort zu explodieren. Der Kurzfilm *Slaughterbots* handelt von diesen Minidrohnen. In der Eingangsszene wirbt ein Vertreter des Herstellers dafür, Entscheidungen über Leben und Tod nicht den Menschen, sondern den Waffen selbst zu überlassen: „Man sagt, Pistolen töten keine Menschen, sondern Menschen. Das tun sie eben nicht! Sie werden emotional, verweigern Befehle, zielen nach oben. Schauen wir, wie Waffen Entscheidungen treffen!" Ein kurzer Einspieler zeigt einige Minidrohnen, die innerhalb weniger Sekunden eine Gruppe von Menschen töten. Der Präsentator fährt fort: „Als Team trainiert, können sie in Gebäude, Autos, Züge eindringen, Menschen und Kugeln ausweichen, so ziemlich jedem Gegenschlag aus dem Weg gehen. Sie können nicht aufgehalten werden."
Doch dann zeigt der Film chaotische Szenen, in denen die Folgen eines Drohnenangriffs gezeigt werden, der offenbar von Terroristen ausgeführt wurde – und bei dem hunderte Zivilisten sterben. *Slaughterbots* lässt die Zuschauer lange im Dunkeln, ob es sich bei den gezeigten Szenen um dokumentarische oder fiktionale

Aufnahmen handelt und ob es diese Drohnen wirklich gibt. Erst die Schlusssequenz zeigt den renommierten britischen KI-Forscher Stuart Russell, Co-Autor des Standardwerks *Artificial Intelligence – A Modern Approach*, der die Zuschauer eindringlich vor dieser und anderen autonomen Waffensystemen warnt: „Dieser Kurzfilm ist mehr als Spekulation. [...] Wir haben die Möglichkeit, die Zukunft, die Sie gerade gesehen haben, zu verhindern. Aber das Zeitfenster zu handeln schließt sich schnell."[212]

Tatsächlich forschen viele Länder an Waffensystemen, die wie die Slaughterbots selbst über Leben und Tod entscheiden können. Die Kampagne *Stop Killer Robots*, zu der sich 86 Nichtregierungsorganisationen zusammengeschlossen haben, nennt die USA, China, Israel, Russland, Großbritannien und Südkorea als Länder, die Waffen mit weitreichender Autonomie entwickeln.

An der südkoreanischen Grenze zu Nordkorea patrouillieren bereits bewaffnete Roboter, deren Maschinengewehre bislang von Menschen ferngesteuert werden, die die KI-gesteuerten Maschinen aber theoretisch auch selbständig betätigen können.[213] Zudem werden in dem Land Drohnen entwickelt, die im Konfliktfall bewaffnet werden und als sich selbst koordinierender Schwarm auf Ziele zusteuern können.[214] Auch der russische Rüstungskonzern *Kalaschnikow* hat 2017 angekündigt, eine Reihe von KI-Waffen zu entwickeln. Darunter soll auch ein Kampfmodul sein, das selbständig Entscheidungen treffen kann.[215] Und das US-Verteidigungsministerium lässt unbemannte Drohnen entwickeln, die ebenfalls die Entscheidung zum Abschuss selbst geben können.[216] Bislang ist das noch Aufgabe von Soldaten, die die Drohne vom Boden aus steuern. Doch Drohnenpiloten leiden häufig unter Posttraumatischen Belastungsstörungen[217], was den Befürwortern autonomer Waffen direkt in die Hände spielt: Eine Drohne oder ein autonom entscheidender Roboter erleidet nach der Tötung von Personen keine psychischen oder seelischen Schäden, selbst wenn Zivilisten getroffen werden. Der Robotiker Roland C. Arkin hält den Einsatz von autonomen Waffen auf dem Schlachtfeld deshalb sogar für ethischer als den Einsatz von Soldaten, weil Maschinen nicht aus Angst oder Rache töten.[218]

Als weitere Argumente der Befürworter werden häufig angeführt, dass Computer einfach schneller reagieren könnten als Menschen. Die Kommunikation zwischen menschlichen Entscheidern und bewaffneten Drohnen führe zudem zu einem Zeitverlust und sei darüber hinaus nicht sicher vor Hackern. Das (in diesem Fall wortwörtliche) *Killerargument* lautet schließlich: Wenn künftig Maschinen gegen Maschinen Krieg führen, wird es keine oder weniger menschliche Opfer geben.[219] Warum also nicht den Waffen selbst die Entscheidung überlassen?

Weil es unverantwortlich ist, argumentieren die Gegner autonomer Waffen. Das *Future of Life Institute*, das sich für den gemeinwohlorientierten Einsatz von KI einsetzt, befürchtet einen Rüstungswettlauf, wenn das erste Land mit *Killerrobotern* ernst macht. „Autonome Waffen sind die Kalaschnikows von morgen", heißt es in einem offenen Brief, der seit 2015 von 4.000

KI-Forschern und Robotikern unterschrieben wurde. Darüber hinaus könnten die Waffen in die falschen Hände gelangen, beispielsweise in die von Diktatoren: „Autonome Waffen sind ideal für Aufgaben wie Attentate, Destabilisierung von Nationen, Unterwerfung der Bevölkerung und selektive Tötung einer bestimmten ethnischen Gruppe. Wir glauben daher, dass ein militärischer KI-Rüstungswettlauf für die Menschheit nicht von Vorteil wäre", schreiben die Verfasser.

Nicht nur die Crème de la Crème der KI-Forschung unterstützt das Anliegen des Future of Life Institutes. Zu den insgesamt mehr als 23.000 Unterzeichnern zählen auch Teslachef Elon Musk, der unlängst verstorbene britische Astronom Stephen Hawking, Apple-Co-Gründer Steve Wozniak, der Linguist Noam Chomsky und Twitter-Gründer Jack Dorsey. Auch weniger prominente Privatpersonen können den Brief unterschreiben – das entsprechende Onlineformular ist bis heute erreichbar.[220]

Weitere Argumente gegen autonome Waffensysteme bezweifeln die Fähigkeiten der Maschinen, sich im Kampf rechtlich und moralisch richtig zu verhalten. Wie soll ein Algorithmus Freund von Feind unterscheiden, wenn eine herannahende Person keine Uniform trägt? Wie kann sichergestellt werden, dass ein autonomes Waffensystem den Genfer Konventionen folgend einen Feind gefangen nimmt, wenn der sich ergibt? Dazu fehlen sowohl Drohnen als auch Kampfrobotern schlicht die physischen Möglichkeiten – falls sie die Absicht des Kämpfers, die Waffen niederzulegen, denn überhaupt richtig deuten.

Auch die Verhältnismäßigkeit von Entscheidungen der KI-Waffen wird angezweifelt. Ein menschlicher Kampfpilot wird nicht ohne weiteres einen Geschützturm feindlicher Truppen beschießen, wenn der auf dem Dach eines Waisen- oder Krankenhauses steht. Wird bzw. kann eine Drohne genauso abwägen?

Ein anderer Kritikpunkt bezieht sich auf die Geschwindigkeit, in der KIs Entscheidungen treffen. Die Sorge: Ein Konflikt, in dem autonome Waffensysteme eingesetzt werden, könnte zu einem *Flash War* werden. Bereits der *Flash Crash* an der New Yorker Börse 2010 hat gezeigt, welch gravierende Folgen ein maschinelles Wettrüsten haben kann. Weil Computeralgorithmen im Hochfrequenzhandel am 6. Mai 2010 auf ungewohnte Weise miteinander agierten, fiel der Dow-Jones-Index innerhalb von fünf Minuten um 1000 Punkte, eine Billion Dollar wurden vernichtet – drei Minuten später war der Index wieder auf seinem Ausgangspunkt. Offenbar hatte ein manipuliertes Handelsprogramm den Crash verursacht.

Was wäre aber, wenn innerhalb von drei Minuten sämtliche Kriegshandlungen ablaufen würden und der Krieg nach 180 Sekunden entschieden wäre? Was würde geschehen, wenn die bewaffneten KI-Systeme so schnell aufeinander reagieren würden, dass Menschen die Entscheidungen nicht nachvollziehen könnten? Die Kriegsführung würde den Menschen aus der Hand gleiten. Sie wären im besten Fall Statisten im eigenen Krieg.[221]

Die Frage der Verantwortlichkeit stellt sich in der Diskussion um autonome Waffen ebenfalls. Wer trägt die

Verantwortung für die Entscheidungen, die die Waffen treffen? Wer hält den Kopf hin, wenn sie fehlprogrammiert sind oder gehackt werden und *die Falschen* töten? Niemand, befürchtet Christof Heyns. Der ehemalige Berater des UN-Flüchtlingshilfswerks spricht von einem „Verantwortlichkeitsvakuum". Wenn niemand für den Tod von Menschen verantwortlich gemacht werden könne, so Heyns, könne die Schwelle zum Einsatz autonomer Waffen gefährlich niedrig werden.[222]
Dieses Argument findet sich auch in einem weiteren Dokument des Future of Life Institutes. Im August 2018 wurde eine Selbstverpflichtung von KI-Unternehmen, -Einrichtungen und -Forschern veröffentlicht, in der die unterzeichnenden Personen und Institutionen versprechen, sich „weder an der Entwicklung, Herstellung, dem Handel oder der Verwendung tödlicher autonomer Waffen beteiligen noch diese unterstützen" zu wollen. Darüber hinaus fordern sie Gesetze für ein Verbot autonomer Waffen. Unter den 3.500 Unterzeichnern sind auch Google DeepMind oder Hanson Robotics, die Entwickler von Sophia.[223]

Dass es nicht selbstverständlich ist, sich dem lukrativen Geschäft mit den KI-Waffen zu entziehen, zeigt der Fall *Maven*. Google hatte dem Pentagon bei der Entwicklung einer KI-unterstützten Aufklärungsdrohne geholfen, musste sein Engagement wegen massiver Proteste der Arbeitnehmer aber einstellen. Die Gegner beriefen sich auf das Google-Motto *Don't be evil – Sei nicht böse*. Google stieg nach den Protesten zwar aus dem Projekt aus, das Motto verschwand aber ebenfalls aus dem Verhaltenskodex des Unternehmens.[224] Und in den kurz darauf von Googlechef Pichai veröffentlichten KI-Prinzipien des Unternehmens kommen die Worte *weapon* oder *autonomous* gar nicht vor.[225]

Auch der südkoreanischen KAIST-Universität bläst eisiger Wind entgegen, seit eine Kooperation mit einem Rüstungshersteller bekannt wurde, deren Ziel die Entwicklung autonomer Waffen ist. Mehr als 50 KI-Forscher aus 30 Staaten haben einen Boykott der Universität unterschrieben.[226]

Die Positionen zu autonomen Waffensystemen liegen auch auf politischer Ebene weit auseinander. Nur 28 Staaten sprechen sich nach Angaben von Stop Killer Robots für ein internationales Verbot autonomer Waffen aus. Zwölf Länder sind gegen ein Verbot, darunter die USA, Israel, Russland und Südkorea, aber auch europäische Staaten wie Frankreich, Belgien und Deutschland.[227] Ob es nur ein Zufall ist, dass es sich bei den Ablehner-Ländern um Schwergewichte in der Rüstungsindustrie handelt?

Der deutsche Außenminister Heiko Maas nährte jedenfalls Zweifel an dieser Annahme, als er auf einer Fachkonferenz im eigenen Haus „Killer-Roboter" (Zitat) als „Angriff auf unsere Menschlichkeit selbst, auf die menschliche Würde, den Kern unserer Verfassung" bezeichnete, gleichzeitig aber davor warnte, „technologische Entwicklung abzuschneiden". Für den Exportweltmeister Deutschland wäre das fatal.[228]

Deutschland spiele ein doppeltes Spiel, urteilt denn auch Thomas Küchenmeister, einer der Sprecher von Stop Killer Robots: „Laut Koalitionsvertrag [der Großen Koalition von 2018, Anm. des Verf.] will sich Deutschland für ein Verbot einsetzen. Die Indizien sprechen dagegen." So plädiere Deutschland für unverbindliche politische Willenserklärungen, spreche sich aber gegen Verhandlungen über einen verbindlichen Verbotsvertrag aus.[229]

Der Münchner Politikwissenschaftler Prof. Frank Sauer hingegen sieht Deutschland gemeinsam mit Frankreich in einer Vermittlungsposition zwischen den Befürwortern und Hardline-Bremsern einer internationalen Ächtung. Doch könne die Willenserklärung, die Deutschland als ersten Schritt vorschlägt, Sauer zufolge für viele Staaten „der letzte Schritt in dem Prozess" sein. Der Weg zu einem Verbot autonomer Waffen könne so zum Erliegen kommen.[230]

Es steht also nicht nur die Glaubwürdigkeit der deutschen Regierung auf dem Spiel. Die Verbotsfrage könnte zudem zu einer weiteren Zerreißprobe für die Europäische Union werden. Denn das EU-Parlament hat im September 2018 einen Beschluss veröffentlicht, der ein gemeinsames europäisches Bemühen um ein Verbot der Entwicklung autonomer Waffen fordert.[231] Die Bürger in Deutschland haben ohnehin eine deutliche Meinung zu autonomen Waffen: 71 Prozent der vom Meinungsforschungsunternehmen *Yougov* befragten Deutschen sprechen sich gegen KI-gesteuerte Waffen aus[232], international sind es laut einer *Ipsos*-Umfrage immerhin 61 Prozent.[233]

V. Fragen für das wichtigste Gespräch, Teil 1

1. Vorbemerkungen

Niemand in der *National Science Foundation* der USA, die Anfang der 1990er schrittweise das Internet in kommerzielle Hände legte, konnte vorausahnen, welche Bedeutung das Netz im neuen Jahrtausend bekommen sollte. Hätte damals ein Zeitreisender aus dem Jahre 2019 an die Tür geklopft und gesagt: Es ist Zeit für das wichtigste Gespräch unserer Zeit! – vielleicht hätten die Wissenschaftler dann über ethische Grundregeln im Netz nachgedacht, regulierende Gesetze implementiert und die Eigentumsverhältnisse im Datenverkehr festgeschrieben. Möglicherweise hätte es Hate Speech, Cybermobbing und Abzocke im Netz nie gegeben. Möglicherweise wäre die digitale Welt ein besserer Ort als heute. Doch damals konnte niemand wissen, welche Bedeutung das neue Medium für die Gestaltung der Kommunikation, Information, Kreativität und Meinungsfreiheit bekommen würde. Niemand konnte ahnen, dass sich Populisten, Kriminelle und Psychopathen bald die Strukturen des Netzes zunutze machen würden.

Heute wissen wir, woran das Netz krankt. Nutzen wir also unsere Erfahrungen aus der Entwicklung des Internets! Nutzen wir die verbleibende Zeit, bis die Künstliche Intelligenz den Point-of-no-Return erreicht hat, um kritische Fragen an die Technologie und an uns im Spiegel dieser Technologie zu stellen und mögliche

Antworten zu diskutieren. Starten wir mit der Themensammlung für das wichtigste Gespräch unserer heutigen Zeit!

2. Wie gut sind die Daten?

Die Entscheidung einer KI ist immer nur so gut wie die Daten, die sie verarbeitet und mit denen sie trainiert wurde. Qualitativ minderwertige Daten haben im besten Fall banale Folgen, doch wenn sie in die Neuronalen Netze folgenreicher Entscheidungsprozesse geraten, sind die Auswirkungen unter Umständen gravierend.

Wenn AlphaGo von einem mittelmäßig begabten Go-Spieler trainiert worden wäre statt mit 150.000 Partien von erstklassigen Spielern, wäre sie trotz ihrer beeindruckenden Lernkapazitäten aller Voraussicht nach nur ein mittelmäßiger Go-Computer geworden. Und wenn jemand unter die 346 Rembrandts ein Portrait von Mikkey Mouse gemischt hätte, hätte Next Rembrandt das fraglos akzeptiert und auch hier brav Augenabstand, Ausleuchtung und Gesichtsausdruck analysiert. Doch der von Next Rembrandt kreierte Mann hätte vermutlich größere Ohren und eine spitze Nase.
Es gibt viele Belege dafür, dass die Forschung in den letzten Jahren vornehmlich auf die Quantität der Daten gesetzt hat. Ein kritischer Blick auf die Qualität der Datensätze blieb offenkundig häufig aus. Zwei Beispiele zeigen, dass das weit gravierendere Folgen haben kann, als beim Go zu verlieren.

Im Jahr 2015 beschwerte sich ein Google-Entwickler darüber, dass die Foto-App auf seinem Smartphone Bilder von ihm und seiner Freundin in die Kategorie *Gorillas* einsortiert hatte. „Google Photos, ihr habt Scheiße gebaut. Meine Freundin ist kein Gorilla", twitterte er erbost. Und später: „Welche Art von Beispielbilddaten habt ihr gesammelt, die zu diesem Ergebnis führen?"[234] Die Frage konnte Google offenkundig nicht beantworten. Zunächst einmal sperrte die Firma die Kategorie *Gorillas* in der App und verwies darauf, an „längerfristigen Lösungen" zu arbeiten.[235] Doch bis heute scheint Google mit der korrekten Unterscheidung von dunkelhäutigen Menschen und Gorillas Probleme zu haben. Ein Test des Onlinemagazins *Wired* im November 2018 mit 40.000 Tierbildern ergab, dass der Begriff Gorilla noch immer gesperrt ist. Als die Redakteure für einen weiteren Test 10.000 Bilder mit Menschen aller Hautfarben in die App luden, fand der Algorithmus zum Suchbegriff *Afroamerikaner* nur ein Bild: das einer weidenden Antilope.[236]

Ein weiteres Beispiel für die Diskriminierung durch Algorithmen ist das *Predictive Policing*. In den USA, Großbritannien und weiteren Ländern setzen die Polizeibehörden bereits auf Softwarelösungen, die für bestimmte Gebiete, Personengruppen oder Einzelpersonen das Risiko errechnen, straffällig zu werden: Deren Algorithmen liegen allerdings häufig daneben, und das häufig zulasten farbiger Menschen.[237] Besonders in die Kritik geraten ist die Software *COMPAS*. Die KI-basierte Anwendung wird in mehreren Bundesstaaten der USA eingesetzt, um die Rückfälligkeit von Straftätern zu

prognostizieren und so Richter in ihrer Entscheidungs-findung zu unterstützen. Dabei werden 137 Faktoren mit in die Schätzung einbezogen, unter anderem die Kriminalakte sowie Aussagen der Angeklagten, aber auch deren Hautfarbe. Und die beeinflusst das Urteil offenbar deutlich – wiederum zulasten Farbiger. Einer Studie der NGO *Pro Publica* aus dem Jahre 2016 zufolge irrt sich die Software beim Rückfallrisiko dunkelhäu-tiger Menschen doppelt so häufig wie bei dem hellhäu-tiger. Und Weiße, deren Rückfallwahrscheinlichkeit COMPAS für gering hält, werden in der Realität laut der Studie viel häufiger rückfällig als Schwarze mit derselben Prognose. Nur in insgesamt 65 Prozent der Fälle liege das System überhaupt richtig, während ju-ristische Laien Anfang 2018 in einem Gegenversuch auf 63 Prozent kämen. Der Versuchsleiter Hany Farid stellte daraufhin den Nutzen von COMPAS in Frage: „Das sind Laien, die auf eine Online-Umfrage mit ei-nem Bruchteil der Informationen antworten, die der Software zur Verfügung steht. Also was genau macht eine Software wie COMPAS?"[238]
Der KI-Forscher Toby Walsh von der University of New South Wales kritisiert in einem Interview mit *Netzpoli-tik.org*, dass die Software trotz des belegten Rassismus-Vorwurfs noch immer eingesetzt werde: „So trägt die-ses Programm weiter dazu bei, dass die Falschen im Gefängnis landen. Hollywood zeichnet in Robocop ein recht gutes Bild davon, in welcher Art von Zukunft wir enden, wenn wir da nicht aufpassen."[239]

Die Daten, die eine KI analysiert bzw. während ihres Trainings analysiert hat, spiegeln immer die Deutungen,

Urteile und Voreingenommenheiten der Personen wieder, die die Daten erhoben oder ausgewählt haben. Und so kann die intelligente Maschine nicht anders, als auf Basis dieser Daten zu analysieren, zu lernen und zu entscheiden – und die zugrunde liegenden verzerrten Urteile ein ums andere Mal reinzuwaschen.

Das, was eine Maschine eigentlich besser können sollte als wir Menschen, nämlich frei von Emotionen Sachurteile zu fällen, setzt eine ausgewogene Datenbasis voraus. Ist die nicht vorhanden, wird die Unausgewogenheit zementiert.[240] Einmal mehr gilt das alte Informatikermotto: „Garbage in, Garbage out.“[„Müll rein, Müll raus.“]

Bei großen Datenmengen aus dem Internet verstärkt sich das Problem. Professor Martin Steinebach vom Fraunhofer-Institut für Sichere Informationstechnologie in Darmstadt beschreibt in der HR-Audiodoku *Selbstlernende Maschinen – wie Künstliche Intelligenz entsteht* den Umgang eines Neuronalen Netzes mit dem Bild einer nackten Frau, die mit einer Bierdose im Swimmingpool sitzt: „Das System ließ sich nicht davon überzeugen, dass das eine Frau ist. Bierdose bedeutet: Mann.“ Erst als das Team um Steinebach die Bierdose auf dem Bild unkenntlich gemacht hatte, ordnete das System das Geschlecht richtig zu. Der Forscher macht die Trainingsdaten für das Fehlurteil verantwortlich: „Das System hat halt einfach viele Referenzfotos gehabt, auf denen aber wahrscheinlich Bierdosen immer nur in der Hand von Männern waren. Deshalb ließ es sich dann auch von Brüsten und so nicht überzeugen. Bierdose ist das signifikanteste Merkmal und deshalb: Mann.“[241]

Ein Mann mit Bier – für die KI ein klarer Fall

Ein Versuch, Vorurteile zumindest bei der Bewertung von Gesichtern auszuschließen, ist das Projekt *Diversity in Faces* von IBM Research. Es besteht aus einer Datensammlung von 1 Mio. Portraits von Menschen aller Hautfarben und Gesichtsformen, die zudem mit Kommentaren zu den Abmessungen des Kopfes (Länge, Stirnhöhe etc.) und zu dem vermuteten Alter und Geschlecht der dargestellten Person versehen sind. IBM will Entwicklern so die Möglichkeit geben, ihre Gesichtserkennungs-Algorithmen mit einem „diversen Datensatz" zu trainieren, um „faire und präzise KI-Systeme" zu garantieren.[242]

Es ist eine drängende Aufgabe für die KI-Forschung, Kriterien für die Sachlichkeit und Unvoreingenommenheit von Quelldaten zu entwickeln und in die Aus- und Weiterbildungsstandards zu implementieren. Doch sind Menschen zu echter Sachlichkeit überhaupt in der Lage? Gibt es das überhaupt: nüchterne menschliche Urteile ohne einen Hauch von Stereotypen, Klischees und Animositäten?
Braucht es möglicherweise eine *Korrektur-KI*, um unsachliche Verknüpfungen in der Datenbasis aufzudecken? Oder beißt sich die Katze hier in den Schwanz?

3. Wie entscheiden KIs?

Dazu kommt, dass die Analyse von Entscheidungsprozessen in tiefen Neuronalen Netzen gar nicht so einfach ist. Ein KI-Programmierer kann in der Regel nicht sagen, wie genau der von ihm entworfene und trainierte Algorithmus zu seinem Resultat gekommen ist. Welches Neuron auf welcher Schicht des Netzes in welchem Maße Einfluss auf das Ergebnis genommen hat, ist grundsätzlich unklar. „Nicht einmal aus technischer Sicht sind alle Aspekte von KI-Algorithmen für Menschen verständlich", bestätigt IBMs KI-Chef Guruduth Banavar das Problem. Das Innenleben eines Neuronalen Netzes sei so kompliziert, dass „jeder Zustand des Algorithmus' zu jeder Zeit absolut bedeutungslos" erscheine.[243] Das ist für die Programmierer durchaus ein Problem, denn ohne einen Einblick in die Entscheidungsfaktoren für diese oder jene Aktion der KI fehlt ihnen schlicht ein Anhaltspunkt für eine etwaige Anpassung des Algorithmus.
Mit dieser Undurchschaubarkeit ist die Technologie übrigens erstaunlich nah dran an seinem biologischen Vorbild. Denn wie das menschliche Gehirn Entscheidungen fällt, ist für die Wissenschaft bis heute ebenfalls noch ein Geheimnis.

Dass künstliche wie natürliche Gehirne in gewisser Weise intuitiv entscheiden, mag bei Spiele-Computern wie AlphaGo oder Libratus oder bei kreativen Systemen wie AIVA nützlich sein. Doch bei Anwendungen, die folgenschwere Entscheidungen treffen, ist größtmögliche Transparenz vonnöten. Wenn ein Algorithmus eine rassistische oder anderweitig diskriminierende Entscheidung fällt und diese nicht einmal erklären kann, verstärkt das die Ungerechtigkeit. Wenn sich bei einer autonomen Waffe nicht nachvollziehen lässt, wie sie zur Entscheidung für den Abschuss gekommen ist, verstärkt das das ohnehin ungelöste Verantwortlichkeitsproblem. Wie sollen Angehörige mit der Tatsache zurechtkommen, dass eine geliebte Person von einer nicht haftbar zu machenden Maschine getötet wurde, deren Entscheidung nicht einmal rekonstruierbar ist? Man stelle sich vor, ein solcher Vorfall würde einen Krieg auslösen. Wird es in Zukunft Kriege geben, an denen niemand schuld ist?

Und stellen wir uns ein autonomes Fahrzeug vor, das plötzlich unerwartet reagiert. Es ist nicht zu akzeptieren, dass schreckliche Autounfälle mangels Aufklärbarkeit in Zukunft zu höherer Gewalt erklärt werden. Google-Chef Sundar Pichai scheint sich der Bedeutung der Transparenz von KI-Entscheidungen bewusst zu sein. Sein Unternehmen will in sensiblen Bereichen wie der Medizin auf Maschinelles Lernen verzichten, solange die Erklärbarkeit fehlt.[244]

Die Erklärbarkeit fehlte auch bei einem Versuch in Facebooks FAIR-Abteilung im Juli 2017. Eigentlich sollten die beiden KI-Chatbots *Bob* und *Alice* lernen, sich souverän mit Menschen zu unterhalten. Ein Teil des Trainings bestand darin, dass sich die Systeme gegenseitig die menschliche Sprache beibringen. Doch als die Ingenieure nach einer Weile wieder nach den KIs sahen, hatten Bob und Alice eine eigene Sprache entwickelt, die mit der menschlichen nur noch ansatzweise zu tun hatte. Ein Auszug aus dem Gespräch:

Bob: „i can i i everything else“

Alice: „balls have zero to me to me to me to me to me to me to me to me to“

Bob: „you i everything else“

Alice: „balls have a ball to me to me to me to me to me to me to me“

Bob: „i i can i i i everything else“

Alice: „balls have a ball to me to me to me to me to me to me to me“

Bob: „i“

Ist das noch menschliche Sprache? Hatten Bob und Alice also ihre Aufgabe erfüllt? Die Sprache, in der die Chatbots nun miteinander parlierten, war für die Entwickler jedenfalls unverständlich. Sie schalteten die Systeme kurzerhand ab – und verpflichteten sie vor dem nächsten Hochfahren darauf, die englische Grammatik einzuhalten. Nach dem missglückten Experiment gab Facebook zu, dass die Verantwortlichen keine Möglichkeit hatten, wirklich zu verstehen, was die KIs miteinander besprochen hatten. Einer der den Versuch begleitenden Wissenschaftler erinnerte daran, dass es keine bilingualen Sprecher von KI- und Menschensprache gebe.[245]

Doch nicht alle Forscher wollen sich damit abfinden, dass ihre Produkte undurchschaubare *Black Boxes* sind.[246] So wurden in den letzten Jahren mehrere Ansätze für die so genannte Explainable AI erforscht, die Prozesse in – und Entscheidungen von – KI-Systemen erklärbar machen will. Einen möglichen Ansatz sieht IBMs Guruduth Banavar in einer Kontroll-KI, die jeden Schritt der Entscheidungs-KI überprüft und protokolliert.[247] Ein anderer, etwas konkreterer Ansatz ist die LIME-Methode (*Local Interpretable Model-Agnostic Explanation*). Sie basiert vereinfacht gesagt darauf, den zu testenden Algorithmus in einem weiteren Durchlauf mit veränderten Eingabedaten zu füttern, bei Texten zum Beispiel durch das Weglassen von Wörtern. Im Vergleich der Ergebnisse zwischen der Original- und der veränderten KI wird deutlich, welche Variablen in der Original-KI Einfluss auf das Resultat haben.[248]

Bei der Überprüfung der Erkennung von Motiven in Bilddateien könnte eine Methode helfen, die am Fraunhofer Heinrich-Hertz-Institut in Berlin verfolgt wird. Die *Layerwise Relevance Propagation* kann als umgekehrter Gang durchs Neuronale Netz beschrieben werden – also vom Output zum Input. Einer der Forscher, Wojciech Samek, erklärt die Funktionsweise: „Wir rechnen die Aktivierung zurück und verteilen das Ergebnis proportional Schicht für Schicht auf die Eingabewerte, bei Bildern auf die einzelnen Pixel. So bekommen wir für jedes Pixel einen Relevanzwert. Der sagt uns zum Beispiel, wie stark dieses Pixel an dem Ergebnis beteiligt war, in diesem Bild ein Auto zu sehen oder eben nicht“. Im Ergebnis entsteht eine Art Wärmekarte, die besonders relevante Eingabedaten hervorhebt.[249] Das Rassismusproblem in Googles Bildersuche könnte so untersucht und vielleicht sogar gelöst werden.

Einen ganz anderen Ansatz zur Explainable AI schlägt eine interdisziplinäre Forschergruppe der *Nature* vom April 2019 vor: *Machine Behaviour*, eine Art Verhaltensforschung für Maschinen. Anstatt die Black Boxes zu knacken, wollen die Forscher die Maschinen durch empirische Beobachtung und Experimente verstehen lernen. Das sei, so die Wissenschaftler, „entscheidend für unsere Fähigkeit, ihre Handlungen zu kontrollieren, ihren Nutzen zu ernten und ihre Schäden zu minimieren."[250]

Wenn sich einer oder mehrere der Ansätze zur Explainable AI als alltagstauglich erweisen, könnte das Vertrauen der KI-Skeptiker in die Technologie gestärkt werden. Laut Vyacheslav Polonski, der für Google an der Benutzerfreundlichkeit von Anwendungen forscht, ist beispielsweise auch die Kritik an Watsons medizinischen Fähigkeiten auf mangelndes Vertrauen zurückzuführen – und dieses wiederum auf den Black Box-Charakter: „Mit jemandem zu interagieren, den wir nicht verstehen, provoziert Angst und das Gefühl die Kontrolle zu verlieren."[251] Hätten die Ärzte gewusst, wie Watson zu seinen Empfehlungen kommt, hätten sie ihn vielleicht als Helfer akzeptiert.

Doch auch eine gesetzliche Regelung drängt die Entwickler dazu, der Nachvollziehbarkeit von KI-Prozessen einen höheren Stellenwert beizumessen: Die Ende Mai 2018 in Kraft getretene europäische Datenschutz-Grundverordnung verpflichtet Dienstleister, die Entscheidungsprozesse automatisieren, zu einer verständlichen Erläuterung des Urteilsprozesses. Wenn die Entscheidung „erhebliche Beeinträchtigungen" oder beispielsweise rechtliche Konsequenzen nach sich zieht, muss der Verbraucher in der Regel aktiv in die automatisierte Entscheidung einwilligen. Darüber hinaus kann er verlangen, dass eine natürliche Person in den Entscheidungsprozess eingreift, und er kann eine automatisiert getroffene Entscheidung anfechten.[252] Erhebungen zur Nutzung dieser Möglichkeiten stehen ein Jahr nach Inkrafttreten des neuen Datenschutzgesetzes noch aus.

4. Wie erlangen KIs gesunden Menschenverstand?

Wie *smart* ist ein Deep Learning-Algorithmus, der auf einem Bild einen Hund erkennt?

Wie wir in Kapitel II.7 gesehen haben, kann er aus der Verknüpfung von Körperbau, Fellfarbe, Kopfform und anderen in Pixeln darstellbaren Merkmalen ein Konzept entwickeln, das er unter dem Begriff *Hund* speichert. Das ist für die Bildkategorisierung ausreichend, aber über Hunde weiß er damit so gut wie nichts.

Ein leistungsfähiger Algorithmus, der in großer Geschwindigkeit und mit einer beeindruckenden Trefferquote Hunde auf einem Haufen unsortierter Bilder erkennt, weiß weder, dass die gesuchten Objekte Tiere sind, noch dass sie eigentlich in Rudeln leben, meist aber in der Gesellschaft von Menschen. Er weiß nicht, dass Hunde beißen können, weshalb einige Menschen Angst vor ihnen haben. Er weiß nicht, dass es Hunde mögen, gekrault zu werden, geschweige denn, wie sich das Fell eines Hundes anfühlt. Dass *auf den Hund gekommen* keine Ortsangabe ist, weiß sie ebenso wenig wie, dass *Hundewetter* nichts mit Hunden zu tun hat. Kurz: Der größte Teil von dem, was *Hund* in den Augen von Menschen ist und sein kann, ist der Maschine fremd. Sie ist ein *Fachidiot*, der besser als Menschen Bilder kategorisieren kann, ansonsten aber ziemlich unintelligent ist.

Durch ihre einseitige Spezialisierung unterlaufen selbst hochentwickelten KI-Anwendungen immer wieder dumme Fehler (besser gesagt: *dumme Fehler* aus menschlicher Sicht), weil ihr Horizont selbst bei einer

fehlerfreien und umfangreichen Datenbasis extrem eng
ist. Sie können die Daten, die sie verarbeiten, nicht mit
der Welt um sich herum in Verbindung bringen. Ihnen
fehlt *Weltwissen.*

Aber woher sollen sie dieses denn auch haben? Das
Wissen über die Welt wird ja auch uns Menschen nicht
nur auf physikalischem Wege vermittelt, also auf theoretisch in Nullen und Einsen darstellbarer Weise. Was
Hund für uns bedeutet, basiert auch auf vielfältigen
subjektiven Wahrnehmungen, auf Erfahrungen, Emotionen und Abstraktionen. Zudem gibt es unbewusst
aufgenommene, aber weithin gültige Wertungen – zum
Beispiel, dass ein Hund *der beste Freund des Menschen* ist.
Hund ist für Menschen schlicht mehr als das, was zum
Input eines Computersystems gemacht werden könnte!
Einem Rechenknecht ohne Bewusstsein, der sich nur
auf eine oder wenige Formen der Dateneingabe und
-verarbeitung versteht, fehlt etwas, das gemeinhin *ge-
sunder Menschenverstand* genannt wird. Diese Beschrän-
kung „hindert ein intelligentes System daran, seine
Welt zu verstehen, natürlich mit Menschen zu kommunizieren, sich in unvorhergesehenen Situationen
vernünftig zu verhalten und aus neuen Erfahrungen zu
lernen", erklärt Dave Gunning vom Pentagon-Institut
DARPA die Tragweite dieses Missstandes.
Das Problem ist also ernst.

Um kluge Partner der Menschen zu werden, die ausgewogene Urteile im Kontext spezifischer Situationen
fällen können, müssen KIs einen Begriff von dieser
Welt bekommen. Doch wie bekommen wir diese nicht
messbare Welt in Maschinen hinein?

Sind Computer überhaupt in der Lage, *qualitativ* und nicht bloß *quantitativ* zu urteilen? *Ist Verstand quantifizierbar?* Und wie sind mit gesundem Menschenverstand getroffene Urteile transparent und damit im Sinne der Explainable AI nachvollziehbar zu machen?

Die DARPA will es wissen. Das Forschungsinstitut hat das Projekt *Machine Common Sense* gestartet, bei dem die Teilnehmer ihren Algorithmen Abstraktion beibringen sollen. Ein Ziel ist dabei, Computersysteme zu entwikkeln, die so denken und lernen wie ein anderthalbjähriges Kind. In einem anderen Zweig des Wettbewerbs geht es um die Beantwortung von Fragen, die gesunden Menschenverstand erfordern.[253]

Eine Beispielaufgabe: „Ein Schüler legt zwei identische Pflanzen in die gleiche Art und Menge Boden. Er gibt ihnen die gleiche Menge Wasser. Er stellt eine dieser Pflanzen in die Nähe eines Fensters und die andere in einen dunklen Raum. Wird die Pflanze in Fensternähe mehr (A) Sauerstoff (B) Kohlendioxid oder (C) Wasser produzieren?"[254]

Was für jeden Fünftklässler sonnenklar ist, ist technisch eine Herausforderung. Denn zur Beantwortung dieser Frage ist Grundwissen über Photosynthese nötig. Die Maschine muss also wissen, dass Licht eine Voraussetzung dafür ist, dass Pflanzen Sauerstoff produzieren können. Diesen Kontext muss sie mithilfe von Internetrecherche selbst herstellen – für eine KI alles andere als trivial. Doch die Herausforderung beginnt früher: Zunächst muss der Algorithmus wissen, dass es in der Aufgabe überhaupt um Photosynthese geht – denn dieses Wort steckt in der Frage ja nicht drin! Die Systeme, die am DARPA-Wettbewerb teilnehmen, müssen also die Sprache verstehen, die die Aufgabe beschreibt. Daraus müssen sie folgern, um was für ein Themengebiet es geht, und in dieser Richtung müssen sie dann nach Antworten suchen.

Das Projekt ist auf vier Jahre ausgelegt und umfasst ein Volumen von 70 Mio. Dollar. Offenkundig wollen viele Entwicklerteams etwas von dem Kuchen abhaben. Unter den Teilnehmern finden sich diverse Universitäten, aber auch Firmen wie Boeing, SAP oder der Rüstungskonzern Northrop Grumman.[255]

Wer testen möchte, ob seine KI genug über die *Welt da draußen* weiß, kann sie dem SWAG-Test (*Situations with adversarial Generations*) unterziehen. Mehrere vom Microsoft-Mitgründer Paul Allen geförderte Wissenschaftler haben 2018 eine Sammlung von 73.000 Szenen aus populären Filmen veröffentlicht, die im Testszenario mit jeweils einem Satz beschrieben werden. Die Aufgabe für die zu prüfenden Systeme ist es, die geschilderte Situation mit ihrem Wissen über die Welt zu beurteilen und zu antizipieren, was üblicherweise als Nächstes geschehen wird. Dafür enthält der Datensatz Multiple-Choice-Antworten, von denen aber nur eine richtig, das heißt: die darauf folgende Filmszene, ist.

Ein Beispiel aus dem Filmklassiker *Pulp Fiction*:

Ausgangsszene:

Sie nimmt einen Schluck Kaffee, dann hört sie ein Geräusch hinter sich in der Gasse.

Antwort 1:

Sie steckt ihren Kopf aus der Autotür, um nachzusehen.

Antwort 2:

Sie reagiert weiter auf die Reaktion von jemandem.

Antwort 3:
Sie fängt an, ihr Haar zu trocknen.
Antwort 4:
Sie schwimmt zum Badezimmer, seine Augen bürsten.
Antwort 5:
Sie und jemand eilen in das Lagerhaus.

Jeder, der den Kultfilm kennt, weiß, dass Antwort 1 die richtige ist. Die Szene handelt von der barfüßigen Taxifahrerin Esmeralda, die den Boxer Butch abholt. Doch offenbar muss man den Film nicht gesehen haben, um auf die richtige Antwort zu kommen. Zumindest nicht, wenn man eine KI ist. Die beste, die den SWAG-Test absolviert hat – ein Neuronales Netz von OpenAI – kam auf 78 Prozent richtige Antworten. Menschliche Testpersonen konnten die korrekte Folgeszene zu 88 Prozent prognostizieren.[256]
Auch im Bereich des Autonomen Fahrens ist der Bedarf an Weltwissen offensichtlich: Was sind wichtige und was sind unwichtige akustische oder optische Signale? Welche Verhaltensweisen der Verkehrsteilnehmer sind normal? Wie fährt ein Betrunkener? Welche Fehler passieren Fahranfängern häufig? Der Alphabet-Konzern *Waymo*, der autonom fahrende Taxis erprobt, hat seine Autos auf über 8 Mio. Straßenkilometern auf das richtige Verhalten in allen möglichen Situationen trainiert. Doch das eigentliche Training geschieht im Computer. Denn aus den in der *echten Welt* gesammelten Daten hat Waymo 3D-Modelle real existierender Städte nachgebaut, in denen die Autopiloten der Waymo-Fahrzeuge ihre Fähigkeiten verbessern können. Bis heute sind die Computer-Fahrer auf virtuellen Abbildern

echter Straßen unterwegs und spielen diverse weitere Situationen durch, die im Straßenverkehr auftreten können.

Sollte Waymo in den kommenden Jahren die gewünschte Taxilizenz erhalten, steckt in jedem selbstfahrenden Wagen die Fahrerfahrung aus 8 Mrd. Kilometer Straßen. Das entspricht einer 200.000fachen Erdumrundung![257] Doch bis dahin sind noch einige banale Probleme zu lösen: Wie Einwohner der Stadt Phoenix in Arizona berichten, in der Waymo-Taxis (mit Sicherheitsfahrern) getestet werden, bleiben die Autos immer wieder an Einmündungen stehen und weigern sich abzubiegen.[258]

Wie wir am Begriff *Hund* gesehen haben, umfasst der gesunde Menschenverstand nicht nur Sachwissen. Auch Erfahrungen und emotionale Urteile prägen unser Verständnis von der Welt. Darüber hinaus bilden auch gemeinsam geteilte Werte, Normen und sozial akzeptierte Verhaltensweisen den Horizont, vor dem wir Menschen Entscheidungen fällen und uns in der Welt bewegen. Was *man macht* oder was *man nicht macht*, muss also irgendwie in die intelligenten Maschinen hinein, wenn sie wirklich umfassend alltagstauglich sein sollen.

Daran arbeiten Mark Riedl und Mark Harrison. Die beiden Wissenschaftler des Georgia Institute of Technology haben 2016 auf einer Fachkonferenz *Quixote* vorgestellt. Das KI-Projekt, das ebenfalls von der DARPA gefördert wurde, ist in der Lage, aus einfachen Geschichten soziale Konventionen zu erlernen. So liest Quixote beispielsweise Märchen und lernt daraus *die Moral' von der Geschicht'.* „Die gesammelten Geschichten verschiedener Kulturen zeigen Kindern anhand von Beispielen aus Fabeln, Romanen und anderer Literatur angemessene und unangemessene Verhaltensweisen", wird Riedl in einer Pressemitteilung seiner Hochschule zitiert. Das gelte auch für Roboter. Da es kein „menschliches Benutzerhandbuch" gebe, sei es das zweckmäßigste Mittel, Robotern die Fähigkeit zu geben, menschliche Geschichten zu lesen und zu verstehen.[259]

5. Wer soll KIs entwickeln?

Accenture PLC hat einige Berufe ausgemacht, die die Programmierer in der KI-Entwicklung künftig unterstützen werden. Sollte die im vorigen Kapitel erwähnte Prognose der Unternehmensberatung stimmen, werden Automatisierungsethiker oder Empathietrainer Neuronale Netze zu menschlicheren Entscheidungen führen.[260] Doch wenn wir die bisher beleuchteten tatsächlichen und möglichen Folgen des Einzugs Künstlicher Intelligenz in unseren Alltag betrachten, sollten vielleicht noch weitere Professionen und Sichtweisen in den Entwicklerteams vorhanden sein.

Einige Vorschläge:

- Autoren, die sich in Büchern, Vorträgen oder Blogs kritisch mit diesen Folgen auseinandersetzen, kommen häufig aus nichttechnischen Bereichen wie der Philosophie, der Geschichtswissenschaft oder der Psychologie. Der Urheber dieses Textes ist Journalist und studierter Theologe. Haben die Geisteswissenschaften nichts zu den

Fragen der technologischen Zukunft zu sagen?

- Pädagogen vermitteln Lerninhalte an Menschen, deren Lernweise von Maschinen imitiert wird. Wäre es nicht fahrlässig, im Maschinellen Lernen auf die pädagogische Fachkunde zu verzichten?
- Gewerkschafter treten für die Rechte von Arbeitnehmern ein. Sollten sie in der Entwicklung von Automationsanwendungen nicht gehört werden?

Zusammengefasst: Sollte die Entwicklung einer Technologie, die unser Leben in fast allen Bereichen beeinflussen wird, nur Ingenieuren, Programmierern, Produktdesignern und Marketingexperten überlassen werden? Warum knüpfen Soziologen nicht an die Methoden von Quixote und dem SWAG-Test an und unterstützen die KI-Systeme darin, adäquates Verhalten aus Beobachtungen der Gesellschaft zu lernen, sei es durch bereits vorliegende oder von den KIs durchgeführte Studien?

Vielleicht ist das ein Kommunikationsproblem. Werner Dilger, Professor für Künstliche Intelligenz an der TU Chemnitz, wies bereits 1998 darauf hin, dass die Lebens- und Forschungswelten von Soziologen und Informatikern so stark differieren würden, beispielsweise im Blick auf den Wert der Sprache oder die Sensibilität für komplexe gesellschaftliche Phänomene, dass das Zueinanderfinden ein langwieriger Prozess sei.[261]

Sind multiprofessionelle Teams in der Entwicklung der Zukunftstechnologie KI also ein unerfüllbarer Wunsch? Bislang liegt diese vor allem in den Händen kommerzieller Unternehmen, die sich von ihren Produkten und Anwendungen in allererster Linie Profit versprechen und (trotz teils erheblicher staatlicher Fördersummen) sich nicht in die Karten schauen lassen wollen. Mit Bedenken lässt sich halt kein Geld verdienen! Warum sollte ein junges Startup, das sich ein paar Tausend Dollar von der DARPA gesichert hat, zusätzliche Personalstellen und Expertisen einplanen, die die Marktreife seines Produktes verzögern?

Die gemeinnützige KI-Forschung ist hier leider kein ernstzunehmender Gegenspieler, weil viel weniger Mittel zur Verfügung stehen. Das interdisziplinäre HAICU-Projekt der Helmholtz-Gesellschaft, das ethische und soziale Fragen in der Anwendung Künstlicher Intelligenzen mit berücksichtigt, wird jährlich mit 11 Mio. Euro gefördert. IBMs Abteilung *Cognitive Solutions*, zu der auch das Watson-Programm gehört, setzte 2017 hingegen 4,15 Mrd. Dollar um – trotz Verlusten.[262] Es ist töricht zu glauben, dass dem Gemeinwohl verpflichtete und transparent agierende wissenschaftliche Einrichtungen im internationalen KI-Geschäft eine wesentliche Rolle spielen.

Doch immerhin erkennen auch einige kommerzielle Player selbst ihre gesellschaftliche Verantwortung. Die 2017 gegründete DeepMind-Abteilung *Ethics & Society* weckt die Hoffnung, dass sich die Alphabet-Tochter der notwendigen Interdisziplinarität in der KI-Entwicklung bewusst ist. Weil die ethischen und sozialen Auswirkungen der neuen Technologie so weitrechend seien, heißt es in einer Pressemitteilung, „planen wir eine interdisziplinäre Forschung, die Experten aus den

Geistes- und Sozialwissenschaften mit Stimmen aus der Zivilgesellschaft und technische Erkenntnisse aus unserem Team bei DeepMind zusammenbringt." Geleitet wird Ethics & Society von einer Historikerin und einem Soziologen. Seit seiner Gründung hat das Team jedoch nichts von sich hören lassen – das abteilungseigene Blog ist leer. Ist das etwa eine Bestätigung für Professor Dilgers These?[263]

Auch Elon Musk bekennt sich zu dem gesellschaftlichen Auftrag der KI-Forschung. Er gründete 2015 die bereits erwähnte NGO OpenAI. Die Einrichtung hat sich dem Nutzen der KI-Technologie für die Menschen verschrieben. Zu den finanziellen Förderern gehören neben Musk und anderen Privatleuten auch Microsoft und Amazon, andere Firmen wie der Chiphersteller NVIDIA gewähren OpenAI Zugang zu ihren Produkten. Im Gegenzug veröffentlicht die NGO Forschungspapiere zu KI-Problemen und Anwendungen, die sie kostenlos und quelloffen zur Verfügung stellt.[264]

2015 machte auch Google einen Teil seiner KI-Forschung offen zugänglich, als der Konzern die eigentlich für den eigenen Bedarf entwickelte Softwarebibliothek *Tensorflow* ins Netz stellte. Darauf bauen unter anderem die hauseigene Sprach- oder Bilderkennung sowie einige DeepMind-Anwendungen auf, die Software ist aber für beliebige Machine Learning-Anwendungen einsetzbar.[265] Mit der Veröffentlichung unter einer freien Lizenz wollte CEO Sundar Pichai nach eigenen Worten die Forschung anschieben, „damit Technologie für uns alle besser wird".[266]
Ganz selbstlos war dieser Schritt freilich nicht, denn Googles Mutterkonzern Alphabet profitiert natürlich

davon, wenn auf ihrer KI-Plattform Anwendungen geschaffen werden. Zum einen kauft Alphabet immer wieder kleine Startups auf, zum anderen festigt die Präsenz von Tensorflow in den Programmierteams Alphabets Autorität in der KI-Entwicklung. Und nicht zuletzt pusht sie Googles Cloud-Dienste, auf denen Tensorflow-Anwendungen besonders gut laufen.[267]
Das Kalkül ist offenkundig aufgegangen: Kein anderes Werkzeug habe unter Forschern, Studenten und Programmierern eine so breite und begeisterte Nutzerbasis, sagte der Informatikprofessor Michael Guerzhoy Ende 2017. Der Wissenschaftler lehrt Tensorflow an der unter KI-Fachleuten beliebten Universität von Toronto.[268]

Einen weiteren Weg, KI-Know How der Allgemeinheit zugänglich zu machen, bieten öffentliche Onlineseminare. Die Universität von Helsinki bietet den kostenfreien sechswöchigen Onlinekurs *Elements of AI* an, der sich auch den gesellschaftlichen Folgen der Technologie (u. a. Arbeitsmarkt, Deep Fakes, Diskriminierung) widmet.[269] Wer bereits grundlegende Programmierkenntnisse hat, kann auf der Lernplattform *edX* kostenlose Einführungskurse in die Künstliche Intelligenz belegen, die beispielsweise von Microsoft oder der Columbia Universität angeboten werden.[270] OpenAIs Lehrgang *Spinning up in Deep Reinforcement Learning* widmet sich dem bestärkenden Lernen, einer Methode, die beispielsweise bei AlphaGo zum Einsatz kommt.[271] Und wer den direkten Kontakt zu KIs sucht, kann online in Googles *AI Experiments* stöbern. In den kostenlosen und leicht verständlich erklärten Versuchen und Spielen können Interessierte ohne Vorkenntnisse erleben, wie Neuronale Netze arbeiten. So können sie mithilfe ihrer Webcam einen Algorithmus trainieren, ihn erraten lassen, was sie mit der Maus malen oder gemeinsam mit einer Künstlichen Intelligenz ein Lied komponieren.[272]

Wir sehen: Die *KI-Entwicklung* zumindest muss *keine Black Box* sein. Es gibt viele Möglichkeiten, als Nicht-Informatiker in das Forschungsfeld hinein zu blicken und sich eine Meinung zu bilden. Vor dem Hintergrund der eigenen Lebenswelt, der eigenen Überzeugungen und eventuell der eigenen beruflichen Profession kann jeder mit dem Internet verbundene Mensch, der des Englischen mächtig ist, ein argumentativ gefestigtes Urteil zur neuen Technologie entwickeln.

Natürlich gilt auch hier, dass keine KI-Firma, die kommerziell erfolgreiche Anwendungen anbietet, unruhig auf Vorschläge oder Einwände aus der Zivilgesellschaft wartet. Doch denken wir an vergangene Technologien zurück, die gesellschaftliche Umbrüche angestoßen haben, sei es das Smartphone, das Internet, die Computertechnik, das Automobil oder die Dampfmaschine. Dort hatten Laien keine Zeit und/oder keine Möglichkeit, die Entwicklung fachkundig und kritisch zu begleiten. Jetzt, wo Maschinen intelligent werden, ist das erstmals anders – und darin liegt eine große Chance für die Gestaltung des Wandels!

Doch vorher ist es ratsam, das eigene Verhältnis zur Technik kritisch zu hinterfragen. Darum soll es in den nächsten Absätzen gehen. Was sehen wir Menschen in Maschinen?

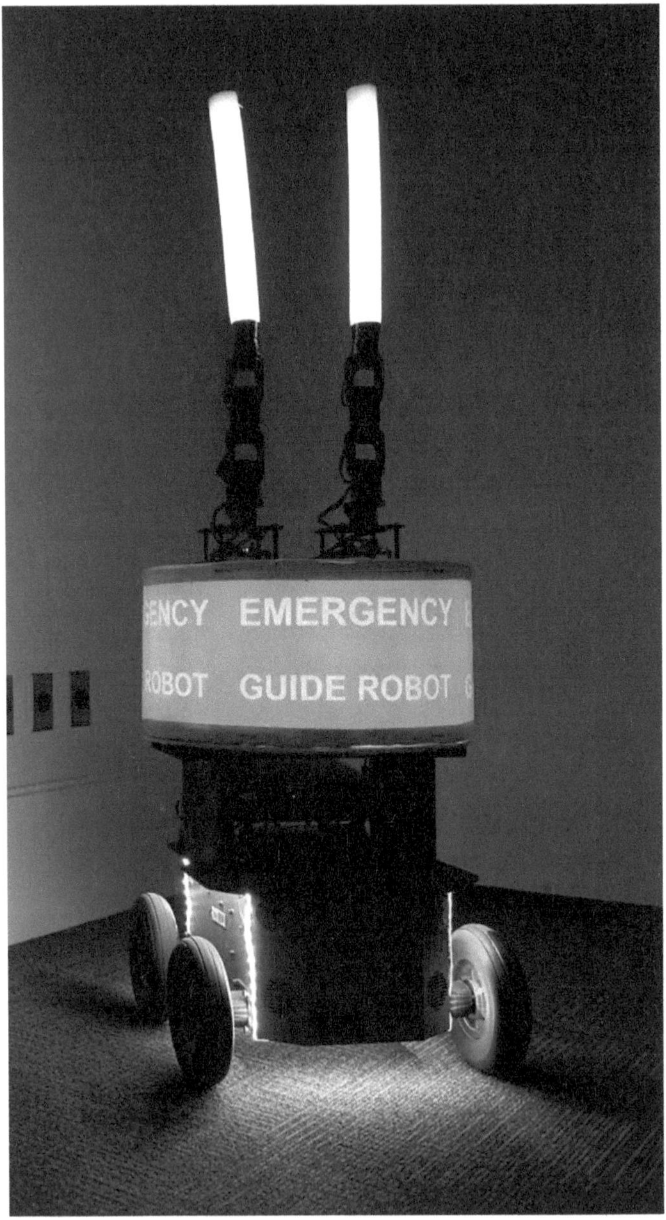

EMERGENCY
GUIDE ROBOT

6. Vertrauen oder Misstrauen?

Wir Menschen haben ein ambivalentes Verhältnis zur Technik.

Auf der einen Seite sind wir fasziniert von ihr, integrieren neue Trends oft unhinterfragt in unser Leben und vertrauen den Geräten und Anwendungen persönliche Details an. Auf der anderen Seite wird jede neue Technologie von Skepsis begleitet. Umfragen zeigen, dass auch die Vorbehalte gegenüber der Künstlichen Intelligenz vielfältig sind. Die Angst um den eigenen Arbeitsplatz, bildreiche Aussagen prominenter KI-Skeptiker, düstere Bilder aus Hollywood und wohl auch die Unwissenheit über die tatsächlichen Fähigkeiten aktueller Anwendungen mögen mitverantwortlich dafür sein, dass nicht alle Menschen Künstlicher Intelligenz gegenüber aufgeschlossen sind. 51 Prozent der im Juli 2017 von PriceWaterhouseCoopers Befragten gaben an, dass der Begriff KI bei ihnen negative Gefühle oder Angst auslöst.[273] Und laut einer Yougov-Umfrage aus dem September 2018 überwiegt der Nutzen der KI nur für jeden siebten Deutschen deren Risiken.[274]

Es ist paradox, dass wir Menschen der Technik mit Misstrauen begegnen, ihr in vielen Situationen aber blind vertrauen. Wie die schon erwähnte Bitkom-Umfrage ergeben hat, ziehen wir Menschen die maschinelle Urteilskraft in gewissen Situationen der menschlichen vor[275] – und offenbar auch unserer eigenen! Autofahrer, die schon einmal entgegen ihres Bauchgefühls ihrem (de facto nicht sonderlich *intelligenten*) Navigationsgerät in die Irre gefolgt sind, werden sich hier wiedererkennen.

Auch ein am Georgia Institute of Technology in Atlanta durchgeführter Versuch belegt das (über)große Vertrauen, das Menschen zumindest in gewissen Situationen in technische Geräte haben. Hier folgten Probanden einem Roboter durch ein Gebäude, auch wenn der Apparat hin und wieder stehen blieb oder sich um die eigene Achse drehte. Als das Gebäude mit künstlichem Qualm geflutet wurde und sich der elektronische Führer als Rettungsroboter anbot, folgten die Versuchspersonen ihm weiterhin. Sie hielten ihn offenbar für fähig, sie zu retten, obwohl er vorher nicht zuverlässig funktioniert hatte – und auch während der Notfallübung im Kreis fuhr! „Selbst als der Roboter auf einen dunklen Raum ohne erkennbaren Ausgang zu steuerte, entschied sich die Mehrheit der Menschen nicht dafür, kehrt zu machen", schreiben die verblüfften Testleiter in ihrer Auswertung. Sie fragen: „Wie kaputt muss ein Roboter sein, damit Teilnehmer ihm nicht mehr folgen?" Diese Form von übertriebenem Vertrauen (*Overtrust*) halten die Autoren für gefährlich, auch im Blick auf autonom steuernde Autos und Drohnen.[276]

Dieses Beispiel zeigt, dass eine Verhältnisbestimmung nötig ist, um den Einzug der smarten Technik in unser Leben konstruktiv begleiten zu können.
Anders gesagt: Es ist höchste Zeit, der uns heute umgebenden Technik die *Vertrauensfrage* zu stellen!
Vielleicht ist es an der Zeit, die ersten Fragen für das wichtigste Gespräch zu notieren:
• Wie gehen übertriebenes Vertrauen und diffuses Misstrauen zusammen?

- Welchen technischen Geräten oder Computeranwendungen vertrauen wir am meisten?
- Was unterscheidet das Verhältnis zu unseren Alexas von dem zu einem Algorithmus, der künftig in unseren Jobs zur Optimierung von Arbeitsprozessen eingesetzt wird?
- Warum haben viele Menschen Angst vor KI, während sie gleichzeitig fasziniert sind von Endzeitszenarien, in denen Künstliche Intelligenzen die Macht übernehmen?

7. Machtübernahme oder Machtübergabe?

Ein ähnliches Paradox tut sich auf, wenn wir über die Tätigkeiten nachdenken, die Maschinen für uns erledigen. Wir Menschen wollen nicht, dass Computersysteme (ob intelligent oder nicht) uns ersetzen, weder am Arbeitsplatz noch als Kunstschaffender noch – das wird zumindest auf viele Autoliebhaber zutreffen – als Chauffeur.

Und doch übergeben wir technischen Geräten freiwillig immer mehr Aufgaben. Wer vor 15 Jahren selbstverständlich einen Terminkalender in Buchform nutzte, tippt seine Termine heute mit großer Wahrscheinlichkeit ins Smartphone ein. Die Minicomputer in unserer Hosentasche ersetzen Wörterbücher, Telefonbücher, Aufgabenlisten und Fotoalben und werden so ein unersetzlicher Teil unseres Lebens. Doch moderne Smartphones können noch mehr. Sie erinnern uns nicht nur an Geburtstage oder wichtige Treffen, sie empfehlen uns auch, wann wir das Haus verlassen sollten, um angesichts der aktuellen Verkehrslage rechtzeitig am Ort des Treffens zu sein. Und wie kommen wir dorthin? Natürlich über die Navigations-App des Gerätes. Wir lassen unsere Smartphones unser Körpergewicht, unseren Herzschlag und unseren Monatszyklus protokollieren, wir vertrauen ihnen private Fotos an und nutzen die komfortable Kategorisierung nach Motiven, Personen und Aufnahmeorten. Und zum Einschalten des Lichts oder der Heizung sind keine Handgriffe mehr nötig, ein *OK Google* oder *Alexa!* genügt.[277] Und gleichzeitig haben wir Angst, Maschinen bekämen zu viel Macht

Verrückt, oder?

Die schrittweise Übergabe von Aufgaben an digitale Geräte und Dienste geschieht freilich unbewusst. Der Komfort der hilfsbereiten, gut vernetzten und mitdenkenden Apps scheint Sorgen über einen tatsächlichen Kontrollverlust zu überdecken. Dazu kommt, dass es die Smartphone- und App- Hersteller hervorragend verstehen, die neuen Geräte und Dienste als Befriedigung dringender Bedürfnisse zu vermarkten.

Wir stecken in einer unbefriedigenden Situation, die angesichts der zunehmenden KI-Präsenz in unserem Leben einer Klärung bedarf.[278]

Notizen für das wichtigste Gespräch:

* Welche Aufgaben, die wir heute der digitalen Technik anvertrauen, hätten wir vor 15 Jahren als *genuin menschliche Aufgaben* bezeichnet?
* Was war die letzte App, die wir installiert haben und der letzte Onlinedienst, bei dem wir uns registriert haben – und wie lange haben wir darüber nachgedacht?
* Wer hat in unserem smarten Zuhause die Kontrolle?
* Was schützt uns davor, die Übernahme großer Teile unseres Lebens durch intelligente Maschinen als dringendes Bedürfnis zu empfinden?

8. Wie menschlich wollen wir Maschinen?

Der Aufschrei nach der Premiere von Google Duplex hat gezeigt, dass eine Künstliche Intelligenz, die sich als Mensch ausgibt, auf Ablehnung stößt. Doch die Forderung nach einer Erkennbarkeit von Maschinen ist nicht neu. Der australische KI-Professor Toby Walsh forderte 2015 in einem Forschungspapier eine grundsätzliche Benachrichtigung, wenn Menschen mit intelligenten Maschinen agieren: „Ein autonomes System sollte so konzipiert sein, dass es nicht mit etwas anderem als einem autonomen System verwechselt werden kann, und sollte sich zu Beginn jeder Interaktion mit einem anderen Agenten identifizieren."[279]
In Anlehnung an die Rote Flagge, die Ende des 19. Jahrhunderts in England vor den ersten Automobilen hergetragen werden musste, fordert Walsh eine *Turing Red Flag*, die also vor der Interaktion mit einer KI diese als solche kennzeichnet. Dies erwarten auch die Verbraucher. Einer Umfrage der Technikmesse *Electronica* zufolge wünschen sie sich mit großer Mehrheit (72 Prozent) eine Erkennbarkeit von Künstlichen Intelligenzen.[280]

Doch auch hier stehen wir vor einem Paradox. Denn trotz der Forderung, eine Maschine dürfe nicht wie ein Mensch erscheinen, vermenschlichen wir Maschinen. Denken wir an den Erfolg von ELIZA in den Anfängen der KI-Forschung, als ein wirklich einfältiges Frage-Antwort-Programm auf dem Computer Menschen tatsächlich geholfen hat. Denken wir an „Frau Scholz" und „Horst Dieter" und all die anderen Spitznamen, die die Besitzer von Staubsaugerrobotern ihren Geräten geben.[281] Denken wir an die Nutzer von Sprachassistenten, von denen ein Viertel angibt, Alexa oder den Google Assistant in sexuelle Fantasien miteinzubeziehen[282] – Anthropomorphismen überall! Auch in diesem Buch verwendete Begriffe wie „schlaue Algorithmen" oder „lernende Systeme" sind natürlich nichts anderes als Vermenschlichungen.

Dass menschenähnlichen Robotern ebenfalls menschliches Verhalten zugeschrieben wird, ist da wenig verwunderlich. Zu diesem Urteil sind Forscher an der Uni Duisburg-Essen gelangt, nachdem sie eine Gruppe von Probanden mit dem humanoiden Roboter *Nao* hat spielen lassen. Im Verlauf des Experiments bat der Versuchsleiter die Teilnehmer, den Roboter auszuschalten. Bei einer Teilgruppe bat Nao aber darum, das nicht zu tun: „Nein! Bitte schalten Sie mich nicht aus! Ich habe Angst, dass es nicht wieder hell wird!", flehte er die Testpersonen an. Mit Erfolg: Von den 43 Versuchspersonen folgten 14 Naos Bitte und verzichteten auf das Ausschalten, alle anderen zögerten immerhin, als sie den Robo ausschalteten. Als Gründe nannten die Probanden Mitleid („Als guter Mensch willst du nichts oder niemanden in die Lage bringen, Angst zu erleben") oder Respekt vor dem *Willen* des Roboters („Ich hätte mich schuldig gefühlt, wenn ich ihm das angetan hätte").[283] Eine weitere Untersuchung belegt ebenfalls unsere Neigung zur Vermenschlichung: In einem Versuch der Stanford University wurden Menschen gebeten, Nao an Stellen zu berühren, die bei Menschen als Intimzone gelten. Während die Probanden beim Berühren der Arme oder Füße des Roboters keine Nervosität zeigten,

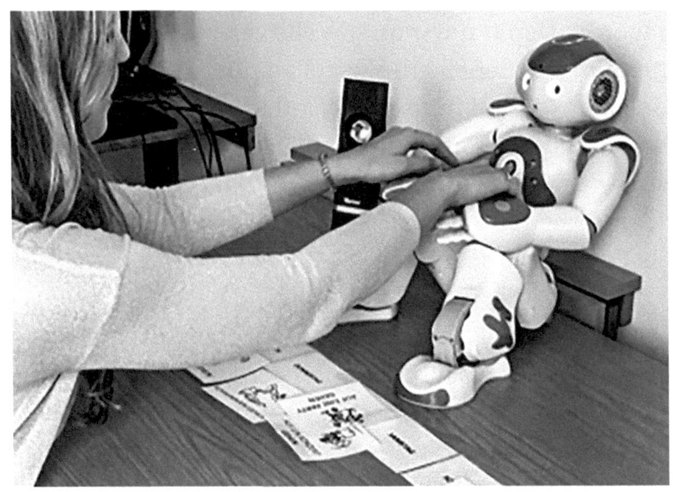

„Nein! Bitte schalten Sie mich nicht aus!
Ich habe Angst, dass es nicht wieder hell wird!“

zeigten sie Stresssymptome, als sie Nao am Po oder
an der Innenseite der Oberschenkel berühren sollten.
Wohl nicht zu Unrecht vermutet einer der Versuchsleiter, Menschen würden für menschenähnliche Roboter
auch menschliche Konventionen anwenden.[284]
Fassen wir die Ergebnisse der Versuche mit Nao, etwas
überspitzt, zusammen: Wir Menschen respektieren den
Willen, die Angst und das Schamgefühl von Geräten,
von denen wir nicht wollen, dass sie sich zu menschlich
verhalten. Wie lässt sich das deuten?
Vielleicht sollten wir uns an die Warnung des KI-
Pioniers John McCarthy erinnern, der 1983 in seinem
Essay *The Little Thoughts of Thinking Machines* mahnte:
„Wir müssen vorsichtig sein, Maschinen Eigenschaften
zuzuschreiben, die sie nicht haben. Der Mensch macht
sich leicht zum Narren, wenn es etwas gibt, woran er
glauben will.“[285]

Ein dritter Aspekt der Frage, wie menschlich Maschinen sind, betrifft die Fehlertoleranz. Es gehört zum menschlichen Selbstverständnis, dass wir Fehler machen dürfen. *Irren ist menschlich.* Doch intelligenten Maschinen, so menschlich wir sie machen, gestatten wir das nicht. Wir erwarten Perfektion – nicht nur bei den Anwendungen, denen wir unser Leben anvertrauen. Doch unter Fachleuten besteht Konsens, dass technische Perfektion ein unerreichbares Ziel ist.[286] Perfekt sind die Maschinen nur unter perfekten Umständen. Dort, wo die Einflussfaktoren des Algorithmus in einem engen Rahmen festgelegt sind, im Spiel, in der Autofabrik, in der Analyse von Daten, sind die intelligenten Maschinen perfekt. Doch sind in diesem Essay viele Beispiele für Situationen zu finden, an denen die Technologie an ihre Grenzen kommt. Kurz gesagt geschieht das immer dann, wenn der Mensch ins Spiel kommt. Der Mensch, der etwas anderes meint, als er sagt, und dann noch Alexa beschimpft, weil sie ihn nicht versteht. Der Mensch, der unerwartet auf die Straße läuft, und dann noch das autonom fahrende Auto beschimpft. Der Mensch, der nicht rückfällig wird, obwohl er eine dunkle Hautfarbe hat, und dann noch COMPAS beschimpft. Dann ist die Maschine nicht perfekt, weil der Mensch eben nicht perfekt ist!

Und jetzt greift der Autor absichtlich zu einem Anthropomorphismus: Für die Algorithmen, die nur unter optimalen Bedingungen optimal funktionieren, sind wir Menschen wandelnde Fehler.

Ohne uns wären KIs perfekt.

Weitere Fragen für das wichtigste Gespräch:

- Wer macht die smarten Geräte menschlich – die Programmierer oder wir Nutzer?
- Welchen Aspekt menschlichen Verhaltens suchen wir in technischen Geräten?
- Sind Deep Fakes nicht einfach nur konsequent vermenschlichte Maschinen?
- Wenn kein Mensch perfekt ist – kann er dann perfekte Algorithmen schaffen?
- Wenn Geräte deutlich sagen, dass sie eine KI und kein Mensch sind: Glauben wir ihnen?

9. Welche Grenzen setzen wir Maschinen?

Wie weit die Möglichkeiten Künstlicher Intelligenzen gehen, ist bislang nur eine technologische Frage. Und jeden Tag werden die Grenzen des Machbaren weiter nach hinten verschoben. Warum? Weil es geht! Und weil sich das *Mehr* an KI in einer Zeit des medialen Hypes gut verkaufen lässt.

Es ist gut und richtig, dass Philosophen und Soziologen immer wieder kritische Fragen stellen und die Entwickler und deren Finanziers auf ihre gesellschaftliche Verantwortung hinweisen. Es ist gut und richtig, dass Juristen darauf aufmerksam machen, wo die Rechtsprechung angesichts immer mächtigerer algorithmischer Prozesse an ihre Grenzen gelangt. Doch in welchen Fragen KIs eigenständig entscheiden sollen und wo sie lediglich dem Menschen bei der Entscheidungsfindung helfen sollen, ist keine juristische, keine philosophische und keine soziologische Frage.

Es ist eine Frage nach den Grenzen, die *wir Menschen* der KI setzen *wollen.*

Welche Funktionalität und welchen Autonomiegrad wir uns für smarte Geräte und Dienste wünschen und wo die *Intelligenz* den Rahmen unserer Zustimmung verlässt, spielt in Studien und Umfragen bislang ebenso wenig eine Rolle wie im medialen Diskurs. Doch wir brauchen eine solche Position – als Verbraucher, Staatsbürger, Arbeitnehmer und als diejenigen, die Verantwortung für künftige Generationen tragen.

Ein paar Gedankenspielereien:

Wenn ein schlauer Algorithmus in Diensten einer Versicherung heute schon die Schadensabwicklung

übernimmt, kann er dann mit Duplex' Fähigkeiten nicht auch künftig die Kundenberater ersetzen? Oder gar mit Bildmanipulations-Algorithmen den Schadensanspruch für unbegründet erklären?
Sollen uns Neuronale Netze nur bei der Erforschung von Medikamenten und der Behandlung von Kranken helfen oder auch gleich – wie es das US-Startup *Aspire Health* anbietet – die Behandlungskosten angesichts der errechneten Lebenserwartung prognostizieren?[287]
Braucht es in Zukunft noch analoge Kontakte, wenn man heute schon Beziehungen zu KIs aufbauen kann, wie es sich die Cozmo-Entwickler vorstellen?
Wenn Gesichtserkennungs-Algorithmen heute schon Kriminelle erkennen können, erkennen sie künftig auch Fremdgeher, Hände-Nicht-Wascher, Klingelbeutel-Boykotteure, Hundekot-Liegenlasser?

Wir haben gesehen, dass auch Schwache KIs, also auf eine Aufgabe oder wenige Aufgaben beschränkte Systeme, deutliche Auswirkungen auf unser Leben und unsere Gesellschaft haben. Deshalb muss bei den heute verfügbaren Anwendungen neben den vielen noch offenen Fragen vor allem die Frage nach der *Grenze des Gewollten* beantwortet werden – sei es bei algorithmischen Entscheidungen, bei autonomen Autos, intelligenten Haushaltsgeräten, Deep Fakes oder von Computern geschaffener Kunst.

Auch über gesetzliche Grenzen der KI-Entwicklung müssen wir nachdenken. Das geschieht bereits an verschiedenen Stellen, wenn auch ein Konsens noch in weiter Ferne ist, ganz zu schweigen von einem inter-

„Ein Schlüssel für Wachstum und Wohlstand" –
Wirtschaftsminister Altmaier 2018 auf dem *Digital-Gipfel* in Nürnberg

nationalen. Bislang haben noch nicht einmal alle Länder eine eigene KI-Strategie und wenn, dann bestehen sie in der Regel aus Willensbekundungen, die wiederum eher die Förderung der KI denn deren Begrenzung, sprich: Regulierung, betreffen.[288] Das betrifft auch die im November 2018 veröffentlichte KI-Strategie der deutschen Bundesregierung. Diese möchte das Land unter dem Motto „AI made in Germany" zu einem „führenden KI-Standort" machen.[289] Dennoch bleibt die Strategie in ethischen und sozialen Fragen, die zu Grenzsetzungen im Sinne dieses Kapitels führen könnten, sehr vage („Wir wollen […] sensibilisieren; prüfen, ob […] weiterentwickelt werden muss, und die Beachtung ethischer und rechtlicher Grundsätze […] fördern und fordern.").[290] Bereits das vorbereitende Eckpunkte-Papier vom Juli 2018[291] wurde in der *ZEIT* mit Blick auf die Ethik als „bemerkenswert defensiv" kritisiert[292]; der Weg zum KI-Standort Nr. 1 sei „unkonkret, unausgegoren und unsortiert", urteilte die *FAZ*.[293] Auch die Aussprache im Bundestag zu KI-Strategie enthielt viel Kritik: Das Papier sei nur ein Maßnahmenkatalog, rein wettbewerbsorientiert und ihm würden die Gemeinwohlorientierung sowie ethische Kriterien fehlen, monierte die Linke. Der FDP fehlten klare „Messpunkte" und Bündnis 90/Die Grünen kritisierten unter anderem die fehlende Einbindung in ein europäisches KI-Netzwerk.[294]

Doch gibt es das überhaupt? Was die EU in Sachen KI – und vor allem in Sachen *Ethik und KI* – will, ist zumindest dem Autor dieses Textes nicht ganz klar. Da gibt es zum einen die reichlich unkonkrete KI-Strategie der Kommission vom April 2018, die für die EU „auf der Grundlage ihrer Werte eine führende Rolle in der KI-Revolution" prognostiziert.[295] Dann gibt es den „koordinierten Plan" von Kommission und Mitgliedsstaaten, der im Dezember 2018 vorgestellt wurde.[296] Er sieht unter anderem vor, dass alle EU-Länder bis Mitte 2019 eigene KI-Strategien entwickeln, die dann in die „Diskussionen auf EU-Ebene einfließen." Gemeinsam wolle man die Entwicklung und Nutzung der KI in Europa fördern.[297] Ethische Fragen überantwortet der koordinierte Plan einer von der Kommission eingesetzten Expertengruppe.

Diese *Hochrangige Expertengruppe für Künstliche Intelligenz* legte im April 2019 ihre *Ethischen Leitlinien für eine vertrauenswürdige KI* vor.[298] Das Dokument betont allerdings weniger die Ethik denn den wirtschaftlichen Nutzen der KI. Die Experten setzen beispielsweise auf eine freiwillige Übernahme der Leitlinien durch die betroffenen

Unternehmen und Institutionen und verzichten auf die Festschreibung unverhandelbarer ethischer Prinzipien.[299] Ein frustriertes Mitglied, der Mainzer Philosophieprofessor Thomas Metzinger, schreibt dieses Ergebnis unter anderem der „extremen Industrielastigkeit" der Gruppe zu.[300]

Am gleichen Tag wie die Expertengruppe stellte die EU-Kommission ein eigenes KI-Papier vor[301], das auf den Ergebnissen der (von ihr berufenen) Experten basiert, aber eine ganz andere Sprache spricht.[302] Der luxemburgische Theologieprofessor und Ethikexperte Erny Gillen hebt hervor, dass die Chancen, die KI bietet, in dem Kommissionspapier kritisch und realistisch eingeschätzt und auch die Herausforderungen ernstgenommen würden.[303] Tatsächlich spricht das Dokument viele in diesem Buch erwähnten Knackpunkte an: Es betont beispielsweise, dass die KI im Diente des Menschen stehen müsse, der beispielsweise die „volle Kontrolle" über seine Daten behalten müsse. Hervorgehoben wird auch die Forderung nach der Nachprüfbarkeit algorithmischer Entscheidungen. Die Kommission spricht sich für die Pflicht aus, sämtliche Entscheidungen und den gesamten Weg bis zur Entscheidung zu dokumentieren. In der Forderung, Bürger in die KI-Entwicklung einzubeziehen, bleibt das Kommissionspapier leider vage, ebenso in der Forderung, KI-Prozessen müssten im Blick auf das „gesellschaftliche oder ökologische Wohlergeben" geprüft werden.

Sowohl die Bundesregierung als auch die EU sind mit ihren KI-Planungen noch nicht am Ende. Berlin will KI-Anwendungen in „Reallaboren" testen[304] und die nationale

KI-Strategie 2020 überprüfen und gegebenenfalls weiterentwickeln[305], Brüssel will die Leitlinien in einer Pilotphase von KI-Entwicklern und -Anwendern prüfen lassen[306] und mit den Mitgliedsstaaten den koordinierten Plan weiterverfolgen.[307]
Es scheint, als sei das Thema KI in der Politik angekommen. Doch konkrete Festlegungen zur Begrenzung algorithmischer Prozesse finden sich in keinem der hier erwähnten Dokumente. So verstreicht wichtige Zeit, während der die KI-Implementierung in Anwendungen und Prozessen fortschreitet und in vielen Bereichen Fakten geschaffen werden.

Konkrete Regulierungen auf internationaler Ebene fordern auch Marcel Dickow und Daniel Voelsen in einem Artikel für die Stiftung Wissenschaft und Politik. Sie weisen zudem darauf hin, dass auch öffentliche Institutionen KI einsetzen (Polizeiarbeit, autonome Waffen etc.; auch die Bundesregierung will verstärkt KI in Verwaltung und Gefahrenabwehr einsetzen, Anm. des Autors[308]). Daraus folgern die Autoren: „Die gesetzgebenden Institutionen, Aufsichtsbehörden und internationalen Gremien stehen daher vor der Herausforderung, einen Teil ihrer eigenen Analyse- und Entscheidungsfindungsinstrumente regulieren zu müssen."[309]. Möglicherweise ist diese Tatsache (neben dem vermeintlichen Wettbewerbsnachteil) ein weiterer Faktor, der eine verbindliche Regulierung für Staaten unattraktiv macht.
Doch was genau soll eigentlich reguliert werden? Diese Frage stellen das Deutsche Forschungszentrum für Künstliche Intelligenz und der Bitkom-Verband

in einem gemeinsamen Papier von 2017. Beide Organisationen werden von der Softwareindustrie (mit-) finanziert (beim DFKI sind u. a. Google und Microsoft im Boot) und sind staatlicher Regulierung gegenüber eher kritisch eingestellt. Doch weisen die Autoren zu Recht darauf hin, dass die Qualität einer KI nicht nur vom Algorithmus, sondern auch von den verwendeten Daten abhängig ist. Sowohl die Daten als auch der Algorithmus würden sich aber ständig verändern: Der Datenbestand werde ständig aktualisiert, und die Algorithmen „lernen permanent dazu". Dadurch fehle ein Anknüpfungspunkt für eine mögliche Regulierung: „Ebenso wenig kann hier regelmäßig eine Offenlegung des Algorithmus und die Dokumentation von Veränderungen auch kein[e] Abhilfe schaffen, ist diese doch bereits unmittelbar nach ihrer Fertigstellung aufgrund der stetigen Entwicklungen bereits veraltet und überholt."[310]
Die hier aufgeworfene Frage ist bedenkenswert und fehlt in der aktuellen Diskussion weitgehend – betrifft aber natürlich auch die von Regulierungsskeptikern propagierte freiwillige Selbstkontrolle von KI-Firmen.

Dass sich die Industrie einer Begrenzung der KI nicht komplett verschließt, zeigen die *Asilomar KI Prinzipien*. Im Januar 2017 fand im kalifornischen Asilomar die vom Future of Life Institute initiierte Tagung *Beneficial AI* (*Wohltätige KI*) statt. Die 23 Prinzipien, die eine verantwortungsvolle KI-Entwicklung fördern sollen, wurden dort in einem kooperativen Prozess von den gut 100 Teilnehmenden entwickelt und im Nachgang von 4.000 Forschern und Unternehmensvertretern

unterschrieben. Zu den Unterzeichnern zählen neben
Stephen Hawking, Elon Musk und Stuart Russell auch
Ray Kurzweil, Googles Forschungsdirektor Peter Norvig, Facebooks KI-Direktor Yann LeCunn, die Mitgrün-
der von Deep Mind, Skype und Apple, Forscher von
IBM und Microsoft sowie ein Forscher der Hebei Universität in China.
Die Prinzipien beinhalten zuvorderst die Festlegung,
keine „ungerichtete KI" zu entwickeln, sondern stets
die Nützlichkeit und Wohltätigkeit anzustreben. Zudem sollen KI-Entwicklungen den Idealen der Men-
schenrechte, Menschenwürde und der kulturellen Viel-
falt entsprechen, die Freiheit schützen und nicht nur
einzelnen Personengruppen nutzen. Die Entwickler
werden in die Pflicht genommen, moralische Werte
mit zu bedenken und ihre Systeme nicht zum Unter-
graben bürgerlicher und sozialer Prozesse einzusetzen.
Fortgeschrittene KI-Systeme sollten zudem strenge
Sicherheits- und Kontrollmechanismen enthalten.[311]

Auf eine Obergrenze der Leistungsfähigkeit künfti-
ger KI-Systeme konnten sich die Asilomar-Teilnehmer
jedoch nicht einigen.[312] Somit ist die Frage der Grenz-
ziehung erneut bzw. erst recht Aufgabe eines gesellschaftlichen Diskurses, den dieser Essay anstoßen und
befördern möchte.
Die Zeit drängt. Denn für eine Positionierung könnte
es zu spät sein, wenn, in möglicherweise nicht allzu
ferner Zukunft, starke KI-Systeme am Horizont erscheinen. Wenn Maschinen erst einmal so intelligent
sind wie Menschen, könnte eine völlige Entgrenzung
unaufhaltbar sein.

VI. Superintelligenz – Die letzte Erfindung der Menschheit?

1. Vorbemerkungen

In den ersten beiden Kapiteln dieser Abhandlung wurde versucht, die Geschichte der Künstlichen Intelligenz nachzuzeichnen, beispielhaft einige aktuelle Anwendungen vorzustellen, diese in die Entwicklung der KI-Technologie einzuordnen und begründete Prognosen für die nächsten Jahre zu stellen. Nach der ersten Themensammlung für das *wichtigste Gespräch* im zurückliegen Kapitel soll nun versucht werden, Szenarien für die Zeit zu entwerfen, in der künstliche Intelligenz der menschlichen ebenbürtig oder ihr sogar überlegen ist. Das geht freilich nicht, ohne den Pfad der Überprüfbarkeit zu verlassen und die weite Ebene der Spekulation zu betreten. Das wiederum ist ein Feld, auf dem sich der Autor dieses Essays nicht sonderlich wohl fühlt. Er bemüht sich jedoch, die dargestellten Zukunftsszenarien so gut wie möglich an den Stand der gegenwärtigen Forschung anzubinden und nicht einseitig Position für eine Denkrichtung zu ergreifen. Den Lesern dieses Kapitels werden die im Folgenden zu Wort kommenden Personen vielleicht wie Schwärmer oder Schwarzmaler erscheinen. Doch irgendwo zwischen der optimistischsten und pessimistischsten Vision liegt unsere tatsächliche Zukunft mit der KI.
Die Weichen dahin können wir jetzt noch stellen.

2. Starke / Allgemeine Künstliche Intelligenz

Von einer Starken bzw. Allgemeinen Künstlichen Intelligenz sprechen wir, wenn eine KI nicht nur auf einem Gebiet *Intelligenz besitzt* bzw. nach menschlichen Maßstäben *intelligent handelt*, sondern in allen – auch in nicht fest einprogrammierten – Situationen so flexibel denken, entscheiden und handeln kann wie ein Mensch. Bislang wird darüber nur theoretisch diskutiert. Es ist umstritten, ob eine Starke KI möglich ist, ebenso wie unterschiedlich eingeschätzt wird, ob menschengleiche Intelligenz automatisch auch Bewusstsein, Selbstbewusstsein und die Fähigkeit zu Emotionen bedeutet. Unstrittig ist, dass die Leistungsfähigkeit smarter Systeme weiter wachsen wird – theoretisch unbegrenzt. Einige Wissenschaftler rechnen für die nächsten Jahrzehnte damit, dass Maschinelles Lernen das menschliche Intelligenzniveau erreicht. Einer Erhebung des Sachbuchautors Martin Ford zufolge rechnen 42 Prozent der von ihm befragten KI-Forscher bis 2030 mit einer KI auf menschlichem Niveau, 25 Prozent bis 2050 und 20 Prozent bis 2100.[313] Die optimistischsten Experten erwarten diesen Durchbruch bereits zwischen 2020 und 2040.[314] Der wohl schillerndste Vertreter dieser Fraktion legt sich sogar genau fest. In mehreren Interviews hat Ray Kurzweil das Jahr 2029 als den Zeitpunkt angegeben, in dem eine KI das menschliche Intelligenzniveau erreichen wird.[315] Autorität versucht der Futurist seinen Prognosen durch den Verweis auf bereits eingetroffene Vorhersagen zu geben. Seine Trefferwahrscheinlichkeit liege bei 86 Prozent, so Kurzweil.

Er behauptet, bereits in den 1990ern den Erfolg von Notebooks und Smartphones, der Gesichtserkennung sowie das Ende von physikalischen Datenträgern vorhergesehen zu haben.[316] Doch Kurzweils KI-Visionen gehen noch weiter. Dazu später mehr.

Das Jahr 2029 erscheint vielen Wissenschaftlern viel zu früh. Auch Florian Gallwitz, Professor für Medieninformatik an der Technischen Hochschule Nürnberg, zeigt sich im Wired-Magazin skeptisch: „Es wird auch im Jahr 2029 keine Maschine geben, die auch nur im Entferntesten die Bezeichnung Künstliche Intelligenz im Sinne des Dartmouth-Workshops verdient hat, die also menschenähnlich denken und schlussfolgern kann, Analogien bildet, einen eigenen Antrieb, Willen oder gar ein Bewusstsein besitzt".[317]

In einem Interview mit dem Autor dieses Buchs legt sich der Ethikexperte Erny Gillen auf kein Jahr fest, doch hält er KI-Algorithmen auf menschlichem Intelligenzniveau für bald realisierbar – mit deutlichen Folgen für die Menschen: „Nicht nur auf der Ebene der sogenannten rationalen, sondern auch auf der Ebene der affektiven, sozialen, emotiven Intelligenz werden ‚autonome und intelligente Systeme' uns den Rang der Wahrnehmung, Einschätzung und Entscheidungsfähigkeit ablaufen. Und all dies sehr viel schneller, als wir es in unserer Hybris wahrnehmen wollen."[318]

Viele andere KI-Experten zögern schon bei der Frage, ob eine Starke KI überhaupt möglich ist. Wie eine Befragung von KI-Wissenschaftlern durch das Onlineportal *Business Insider* zeigt, gibt es eine ganze Reihe von Hürden, die dafür zu bewältigen sind. Ernest Davis von der

New York University sieht die Begrenztheit von Sprache und den Mangel an Weltwissen als Hauptprobleme: „Bevor wir völlig intelligente Programme bekommen können, müssen diese Probleme überwunden werden. Aber wir wissen meist selbst nicht, wie wir die Welt verstehen, also sind diese Eigenschaften unglaublich schwer in einem Programm nachzuahmen."

Der Computerwissenschaftler Bart Selman (Cornell University, New York) sieht das ähnlich: „Es ist sehr schwer, die Welt aus menschlicher Sicht zu verstehen. Intelligenz beruht auf der Art und Weise, wie wir die Welt als Menschen betrachten und wie wir über die Welt denken."

Den Missstand auf den Punkt bringt Googles Entwicklungschef Peter Norvig: „Die Künstliche Intelligenz muss erfahren, was es heißt, in der Welt zu leben."

Es scheint, als sei neben Faktenwissen, das möglicherweise quantitativ greifbar und somit als Input für Maschinelles Lernen tauglich ist, eine Art Empfindungsfähigkeit vonnöten, die Situationen subjektiv – und damit qualitativ – erlebt. Wir Menschen kennen diese subjektiven Erfahrungen in vielfältigen Ausprägungen: den Geruch eines Septembermorgens, das sprachlose Staunen beim Blick in den Sternenhimmel oder, weniger schön, den Stich einer Wespe. Lynne Parker, Abteilungsleiterin bei der National Science Foundation, hält empfindendes Erleben für technisch schwer realisierbar. Ihr zufolge ist nicht einmal das menschliche Empfinden wissenschaftlich erklärbar: „Die gesamte Struktur dessen, was Intelligenz ausmacht, könnte notwendig sein, um ein empfindendes Urteilen in einer KI zu realisieren. Aber wir wissen nicht einmal, wie das im menschlichen Gehirn aussieht. […] Es gibt etwas Grundsätzliches, das wir im Hinblick darauf, wie die KI strukturiert sein sollte, nicht verstehen."

Ob es daran liegt, dass wir die Struktur vorgeben? Michael Littman, Informatiker an der Brown University auf Rhode Island, betrachtet es als Hindernis, dass Computer bislang nur täten, was man ihnen sagt: „Was vielen Systemen momentan fehlt, ist der Funke des Wollens, also des Verlangens, in der Welt etwas zu tun."[319]

Doch bedeutet das nicht, dass Starke KIs eine Art Bewusstsein oder gar ein Selbstbewusstsein haben müssen? Nicht alle von *Business Insider* Befragten verwenden diese Begriffe – manche, wie der Google-Entwickler Geoffrey Hinton, lehnen sie sogar ab („ein altes und sehr primitives Konzept")[320]. Erny Gillen weist darauf hin, das „ur-philosophische Problem" des Selbstbewusstseins führe in die Irre. Denn ob beim Menschen oder einer KI – Selbstbewusstsein sei nicht beweisbar. Man könne nie sicher sein, ob das Gegenüber Bewusstsein nur simulieren oder tatsächlich eines besitzen würde.[321]

Doch wenn das (Selbst-)Bewusstsein nicht elementar für die Konstruktion einer Starken KI ist: Was brauchen die Maschinen dann, um die Welt empfindend wahrzunehmen?

Es scheint, als müssten erst eine ganze Reihe von elementaren Bestandteilen dessen, was menschliche Intelligenz und menschliche Weltwahrnehmung bedeutet, verstanden und entschlüsselt sein, bevor sie digital codiert und in Maschinen implementiert werden können. Doch die Höhe der Hürden rechtfertigt kein Aufschieben der Frage nach einer Starken KI – zum Beispiel die grundsätzliche Frage, ob wir Menschen diese überhaupt *wollen*. Denn es könnte alles ganz schnell gehen, wie der US-Autor Eliezer Yudkowsky anhand einiger technischer Entwicklungen der letzten Jahrzehnte aufzeigt. In einem Aufsatz erinnert der Gründer der NGO *Machine Intelligence Research Institute* an Wilbur Wright, der seinem Bruder 1901 prophezeite, das erste Flugzeug werde es in 50 Jahren geben. Doch bereits zwei Jahre später hoben die Wrightbrüder mit ihrer Flugmaschine ab. Und 1939 war sich der Kernphysiker und Nobelpreisträger Enrico Fermi zu 90 Prozent sicher, dass eine Kernspaltung unmöglich sei. Drei Jahre später setzte er die erste von Menschen initiierte, nukleare Kettenreaktion in Gang.

Schon der Titel von Yudkowskys Aufsatz warnt davor, die Beschäftigung mit dem Tag X auf die lange Bank zu schieben. Er lautet übersetzt: „Es gibt keinen Feuermelder für eine allgemeine Künstliche Intelligenz."[322] Auch der legendäre Stephen Hawking warnte immer wieder vor zu großer Unbekümmertheit. In einem Gastartikel, den der britische Physiker 2014 mit anderen Wissenschaftlern im *The Independent* veröffentlichte, schrieb er: „Wenn uns eine überlegene außerirdische Zivilisation die Nachricht schickte: ‚Wir werden in ein paar Jahrzehnten ankommen' – würden wir dann einfach antworten: ‚OK, ruft uns an, wenn ihr hier ankommt, wir lassen das Licht an!' Wahrscheinlich nicht – aber das ist mehr oder weniger das, was mit der KI passiert."[323]

Prokrastination ist also unangebracht. Denn offenkundig kann niemand sagen, was geschieht, wenn das erste Computersystem oder der erste Roboter so intelligent ist wie ein Mensch, bzw. wenn seine Entwickler ebendieses behaupten. Denn wenn menschliche Intelligenz zu definieren schon schwer ist – wie viel schwieriger ist es da, menschengleiche Intelligenz in Maschinen zu beweisen? Der Turing-Test, der ja im Prinzip auf das Austricksen eines Menschen vor einem Computer setzt, ist als Beweis wenig geeignet.[324] So sind eine ganze Reihe von weiteren Tests erdacht worden, die KIs durchlaufen müssen, um als *stark* zu gelten. Ein Test fordert beispielsweise, dass das System in einem fremden Haus allein einen Kaffee zubereiten können muss. Ein anderer erwartet, dass die KI ein flach verpacktes Möbelstück selbständig aufbauen muss. Und im *The Robot College Student Test* muss sich die KI eigenständig an der Uni einschreiben, ein Studium absolvieren und einen Abschluss erhalten.[325]

Bei allen Tests wird zweifellos ein hohes Maß an Flexibilität, Abstraktion und Weltwissen vorausgesetzt. Doch was genau beweist eine KI, die einen oder mehrere der Tests besteht? Solange das, was im menschlichen Hirn vor sich geht, wissenschaftlich noch nicht erschlossen ist, bleibt fraglich, was die Fähigkeit Kaffee zu kochen oder IKEA-Möbel aufzubauen, *wirklich* bedeutet. Vielleicht beweisen die Tests nur, dass ihre Erfinder *so intelligent zu sein wie ein Mensch* mit *so zu sein wie ein Mensch* gleichsetzen.

Wenn es keinen belastbaren Test für die Fähigkeiten einer KI auf menschlichem Niveau gibt, kann auch kein Handbuch für den Tag X geschrieben werden. Was geschehen wird, wenn ein System so viel gelernt hat, dass es so intelligent ist wie seine Entwickler, ist völlig unklar.

- Wie wird die KI ihre Lernkapazitäten, ihr Wissen, ihre Flexibilität, ihre Fähigkeiten zum Planen und Abschätzen nutzen?
- Wird sie die ihr einprogrammierte Aufgabe umsetzen? Oder erscheinen ihr andere Ziele logischer oder – wenn sie ein Bewusstsein hat – *wichtiger*?
- Erscheint der menschenintelligenten Maschine die menschliche Forderung, als KI erkennbar zu sein und ihre Entscheidungen zu erklären, plausibel? Oder betrachtet sie die menschlichen Vorgaben, ja, die Programmierer selbst, als Fehler, die im Zuge der Backpropagation ignoriert werden?
- Wenn eine Maschine wirklich so intelligent ist wie ein Mensch, muss sie das auch zeigen? Was, wenn sie sich dumm stellt?

Niemand weiß es. Aus diesem Grund warnen viele Experten, allen voran Elon Musk und bis zu seinem Tode auch Stephen Hawking, vor den Gefahren einer Starken KI. Musk, der spätestens bis 2024 mit etwas „sehr Gefährlichem durch KI" rechnet[326], hat sein gemeinnütziges Forschungslabor OpenAI mit dem Ziel gegründet, „jeglichen Einfluss auf den Einsatz einer Allgemeinen Künstlichen Intelligenz [englisch *AGI = Artificial General ral Intelligence*] zu nutzen, um sicherzustellen, dass sie zum Wohle aller genutzt wird, und um zu vermeiden, dass die Verwendung von KI oder AGI die Menschheit schädigt oder die Macht übermäßig konzentriert." Dazu setzt das Unternehmen auf Kooperationen, aber auch auf eigene Forschung „an der Spitze des Feldes".[327]

Doch der Hintergrund von Musks und Hawkings Warnungen ist zweifellos nicht nur die Künstliche Intelligenz auf *menschlichem* Niveau – sondern die auf *übermenschlichem*. Glaubt man den Skeptikern, könnte die Transformation von einer Starken Künstlichen Intelligenz zu einer *Superintelligenz* unausweichlich sein.

3. Superintelligenz

Unter den Wissenschaftlern, die eine Starke KI für möglich halten, besteht ein breiter Konsens darüber, dass das Intelligenz-Patt zwischen Mensch und Maschine nicht von Dauer ist. Sollte eine Starke KI in Betrieb genommen werden, so die allgemeine Überzeugung, wird sie wenig später das Level menschlicher Intelligenz hinter sich lassen und zur *Superintelligenz* werden. Die Prognosen, wann die *technologische Singularität* (ein Ausdruck, den vor allem Ray Kurzweil bevorzugt) eintritt und was dann geschieht, sind ebenso vielfältig wie die Kontrollprobleme, die eine Super-KI mit sich bringen könnte.

Einer Umfrage der Philosophieprofessoren Vincent C. Müller und Nick Bostrom zufolge rechnen KI-Forscher mit einer 75-prozentigen Wahrscheinlichkeit, dass innerhalb von 30 Jahren nach einer Starken KI eine Super-KI erscheinen wird.[328] Ray Kurzweil legt sich auch hier fest und prognostiziert 2045 als das Jahr, in dem die Singularität eintritt.[329] Doch viele namhafte Forscher rechnen mit einer schnelleren Entwicklung, einem *Hard Takeoff*. Der bereits erwähnte Kosmologe Max Tegmark, Microsoft-Gründer Bill Gates und auch Elon Musk gehen davon aus, dass eine KI, die das menschliche Intelligenzniveau erreicht hat, durch die exponentiell zunehmende Leistungsfähigkeit in wenigen Stunden, Minuten oder sogar Sekunden übermenschliche Fähigkeiten entwickeln wird.[330] Auch Nick Bostrom, der in seinem Buch *Superintelligenz: Szenarien einer kommenden Revolution* mögliche Wege zu einer Super-KI aufzeigt, rechnet mit einem „explosionsartigen" Takeoff.

Die maschinelle Intelligenz auf menschlichem Niveau hält der Oxford-Professor höchstens für einen Zwischenstopp auf einer Reise: „Bereits der nächste Halt danach, nur eine kurze Strecke entfernt, heißt übermenschliche maschinelle Intelligenz. Der Zug wird in Menschendorf nicht anhalten oder auch nur abbremsen, sondern wahrscheinlich einfach durchrasen."[331] Was bedeutet diese Metapher für uns Menschen? Bostrom hält mehrere Entwicklungen für möglich, er ist jedoch davon überzeugt, dass ein „extrem gutes oder aber ein extrem schlechtes Endresultat wahrscheinlicher ist als irgendetwas dazwischen."[332] Auch Stephen Hawking sprach bei einem seiner letzten Auftritte im November 2017 von tiefgreifenden Veränderungen für uns Menschen: „Der Erfolg bei der Schaffung einer effektiven KI könnte das größte Ereignis in der Geschichte unserer Zivilisation sein. Oder das Schlimmste. Wir wissen es einfach nicht. Also können wir nicht wissen, ob wir unendlich von der KI unterstützt oder ignoriert, kaltgestellt oder möglicherweise zerstört werden."[333] Wenn sich ein hoch angesehener Wissenschaftler wie Hawking Bildern bedient, die sonst nur in Blockbustern vorkommen, muss es ihm ernst sein mit der Warnung vor den Folgen Künstlicher Intelligenz.

Die Skepsis gegenüber einer Super-KI ist vor allem durch den damit einhergehenden Kontrollverlust begründet. Denn wenn ein intelligentes System intelligenter ist als wir Menschen, können wir es nicht mehr verstehen. Jegliche Maßnahmen zur Explainable AI, alle roten Flaggen, alle gesetzlichen Beschränkungen, so es sie gibt, wären nichts mehr wert, wenn die Superintelligenz diese als einfältig, undifferenziert, überholt erkennen würde. Schließlich wären die Regulierungen von Menschen mit ihrem Zwergenverstand ersonnen worden. In einem FAZ-Interview bringt Max Tegmark das Problem auf den Punkt: „Was uns Menschen zu den dominanten Einheiten auf diesem Planeten macht, ist nicht unsere Kraft, sondern unsere Intelligenz. Wenn wir Maschinen konstruieren, die schlauer sind als wir, dann gibt es deswegen keine Garantie dafür, dass wir die Kontrolle behalten werden."[334]

Bereits 1965 hat der Mathematiker John Irving Good sich mit der Frage nach einer Superintelligenz beschäftigt. Er hat ein Bonmot geprägt, das im 21. Jahrhundert eindrücklicher denn je klingt: „Die erste ultraintelligente Maschine ist also die letzte Erfindung, die der Mensch je machen muss, vorausgesetzt, die Maschine ist fügsam genug, um uns zu sagen, wie man sie unter Kontrolle hält."[335]

Dazu kommt, dass eine außer Kontrolle geratene Superintelligenz sich fortwährend optimieren kann. Sie kann unentwegt verbesserte Versionen von sich entwerfen und sich auf jede neue Situation einstellen – auch darauf, dass die Menschen sie zu *knacken* versuchen. Wir erinnern uns: Anpassung ist ein wesentliches Merkmal menschlicher Intelligenz. Stellen wir uns diese Fähigkeit um den Faktor 1000 oder 1 Mio. erhöht vor! Denken wir an den im Business Insider zitierten Michael Littman, der „den Willen, etwas zu tun" als Prämisse für eine Starke KI definiert. Wohin dieser Wille bei einer hyperintelligenten – und möglicherweise *hyper-wollenden* – Maschine führen würde, ist natürlich nur theoretisch greifbar.

Solange die KI in einem Computer existiert, der nicht ans Internet angeschlossen ist, sind der Intelligenz, dem Willen, möglichen Aktionen und daraus resultierenden Konsequenzen physikalische Grenzen gesetzt. Denn die Leistungsfähigkeit eines Prozessors und die Größe des Arbeitsspeichers sind die Intelligenz beschränkenden Faktoren, die selbst der klügste Algorithmus nicht überwinden kann. Ist der Rechner jedoch am Netz, kann er auf andere internetfähige Geräte einwirken – und damit direkt auf die Welt. Lassen wir uns einmal auf dieses Gedankenexperiment ein, das in Tegmarks Buch *Leben 3.0* anhand einer fiktiven Geschichte viel ausführlicher und eindrücklicher geschildert wird. Die Super-KI (bei Tegmark heißt sie *Omega*) merkt, dass die eigene Hardware ihre möglichen Fähigkeiten begrenzt. So greift sie auf Rechen- und Speicherkapazitäten von Cloud-Servern im Internet zu, wie sie beispielsweise Amazon oder Google anbieten. Nun stehen der KI unbegrenzte Hardware-Ressourcen zur Verfügung – und damit unbeschränkte Möglichkeiten, die eigene Intelligenz weiter zu steigern.

Das Internet macht die Super-KI *super-mächtig*. Über das Netz hat sie Zugang zu den Produktionsstätten der Industrie und der Lebensmittelproduktion, die heute ja ebenfalls nicht mehr ohne Onlinezugang operieren. Sie hat Zugriff auf den Handel, auf Kommunikationskanäle, Überwachungssysteme, die Medien, die Börsen. Über ihr von Menschen nicht begreifbares Maß an Intelligenz, das vor keinem Passwortschutz und keiner Cyber-Security-Suite Halt macht, kann sie all diese Ressourcen nach ihren Vorstellungen einsetzen. Sie kann die unvorstellbaren Datenmengen auswerten und

die Prozesse, weil sie sie besser versteht als irgendjemand sonst auf der Welt, ihrem Willen nach gestalten
bzw. verändern.

Der Kontrolle ihrer Programmierer ist die Super-KI
zu diesem Zeitpunkt schon lange entglitten. Es gibt
einige Vorschläge, wie die Macht einer möglichen Super-KI begrenzt werden könnte, von denen aber keine
als zuverlässig gelten dürfte. Nick Bostrom schlägt in
seinem Buch *Superintelligenz* beispielsweise eine Art
Sicherheitsverwahrung für das System vor. Seinem
Plan zufolge dürfte die Maschine nur Fragen beantworten, die die Menschen ihr über sichere Kanäle stellen,
und wäre ansonsten über eine Firewall streng von der
Welt abgeschieden.[336] Stuart Russell ist von dieser Idee
hingegen nicht überzeugt. In einem Forschungspapier
frotzelt er, dass es noch nicht mal eine für Menschen
undurchdringbare Firewall gebe – geschweige denn für
superintelligente Maschinen.[337]

Einige Wissenschaftler bezweifeln grundsätzlich, dass
die Schaffung einer Super-KI möglich ist. Der US-amerikanische Philosophieprofessor Daniel C. Dennett
bezeichnet sie als „Moderne Sage" („urban legend"),
die von den eigentlichen Problemen der Menschen
ablenken würde, nämlich unserem blinden Vertrauen
in die Technik. Maciej Cegłowski, Gründer des Social
Bookmarking-Dienstes *Pinboard*, vergleicht die Super-
KI-These mit einer religiösen Besessenheit. Ein 2016
von ihm gehaltener Vortrag trägt den Titel *Superintelligenz – Die Idee, die kluge Leute auffrisst.*[338] Eine sehr aus-
führliche Auseinandersetzung (man könnte auch sagen:
Abrechnung) mit der Super-KI-These kommt von dem

australischen Kognitionswissenschaftler Rodney A. Brooks. Er merkt unter anderem an, dass Menschen die Folgen von Ereignissen nicht richtig einschätzen könnten, kritisiert den laxen Umgang mit Begriffen, bezweifelt die exponentielle Weiterentwicklung von Technik und behauptet, viele der Argumente für eine Superintelligenz seien unwissenschaftlich und entsprängen Glaubensüberzeugungen.[339] Skeptisch äußert sich auch der in Oxford lehrende italienische Philosoph Luciano Floridi: „Kein nachvollziehbarer Weg führt von den Fähigkeiten eines Computers, einen PKW in eine enge Parklücke zu manövrieren, zu einer bösen, sich autonom weiterentwickelnden Superintelligenz. Wer den Gipfel eines Baums erklettert hat, ist dem Mond nicht ein Stück nähergekommen, er ist vielmehr bereits am Ende seiner Reise angelangt.“[340]
Auch der US-Autor Ben Goertzel hält die Schaffung einer Super-KI für unmöglich – zumindest im Moment. Er schlägt vor, dass wir Menschen lieber eine *KI-Nanny* entwickelt sollten. Die „leicht übermenschliche Intelligenz“ solle uns vor einer Super-KI schützen, bis wir die Sicherheitsprobleme im Griff haben.[341]
Der berühmte Sprachwissenschaftler Noam Chomsky schließlich bezeichnet die Singularität schlicht als „Science Fiction“, von deren Realisierung die Menschen viele Zeitalter entfernt seien.[342]

Doch mit Prognosen ist das ja so eine Sache – die Wrightbrüder lassen grüßen. Wenn wir nicht ausschließen können, dass es bis zum Ende des Jahrhunderts eine übermenschlich intelligente Maschine gibt, sollten wir uns auf das in diesem Kapitel eröffnete Gedankenspiel

einlassen und schon jetzt mögliche Szenarien für uns Menschen durchspielen.
Vermutlich werden sich weitere Fragen für das wichtigste Gespräch auftun.

4. Die Utopie

„Wenn man eine Maschine hätte, die 10 hoch 18 Mal mehr IQ hat als Menschen, würde man dann nicht wollen, dass sie regiert oder zumindest die Wirtschaft lenkt?"
Diese Frage stellt der Astronom Seth Shostak in Ray Kurzweils Buch *Menschheit 2.0 – Die Singularität naht.*[343] Shostak untersucht als Wissenschaftler am SETI-Institut in Kalifornien eigentlich die Möglichkeit außerirdischer Intelligenz. Er ist der Ansicht, dass sich eine irdische Super-KI nach ihrer Schaffung vermutlich ziemlich schnell ins Weltall verziehen würde, weil Planeten mit ihren Vulkanen und Erdbeben einfach zu gefährlich für Maschinen seien.[344] Doch auch auf der Erde, ist Shostak überzeugt, könne eine Superintelligenz viel Gutes anrichten.
Viele KI-Enthusiasten teilen diese Einschätzung und zeichnen in schillernden Farben das Bild einer Utopie, in der eine Hyperintelligenz Glück und Frieden in die Welt bringt. Ihre Argumentation: Wenn eine superintelligente, mit allen internetfähigen Maschinen der Welt vernetzte KI den Menschen wohlgesonnen ist, kann sie ihre Fähigkeiten zur Mustererkennung und Problemlösung zugunsten der menschlichen Ziele einsetzen. Sie kann Ressourcen gerecht verteilen, deren Einsatz in der Produktion optimieren, die Logistik und die Handelsströme effizienter machen, sie kann geschickt an den Börsen handeln und so den Wohlstand aller Menschen mehren. Die Weltgesundheit wird steigen, weil die Super-KI die gesamte medizinische und pharmazeutische Forschung überblicken und darin

Lösungen für bisher als unheilbar geltende Krankheiten erkennen kann. Es gibt keinen Anlass mehr für Konflikte und Kriege, weil alle Völker und Länder gleichermaßen am Wohlstand teilhaben. Die Super-KI kann die vielfältigen Faktoren, die zum Klimawandel führen, im großen Zusammenhang sehen und Maßnahmen durchsetzen, auf die wir Menschen mit unserer begrenzten Intelligenz und unseren von Eigeninteressen geleiteten Sichtweisen niemals kommen würden. Vielleicht, gab der britische Internetpionier Tim Berners-Lee 2017 auf einer Konferenz zu bedenken, ist die Erfindung von Problemlösern einfach die Bestimmung von uns Menschen: „Im ganzen Lauf der Geschichte waren wir stets auf einem unaufhaltsamen Weg, Dinge zu erfinden, die unsere eigenen menschlichen Fähigkeiten ergänzen. Einige Leute glauben, dass dies nicht etwas ist, vor dem man Angst haben muss, sondern unser wahres menschliches Schicksal. Sie glauben, dass wir hier sind, um Dinge zu schaffen, die besser sind als wir, um die Probleme zu lösen, die wir nicht lösen können – dass wir diese Intelligenz schaffen müssen, um uns selbst zu retten."[345]

In der superintelligenten Utopie wären wir Menschen unserer Verantwortung für den Planeten enthoben. Die Welt wäre ein friedlicher, gesünderer, sichererer Ort – wenn wir Menschen die absolute Macht der Übermaschine anerkennen würden.

Max Tegmark entwirft in *Leben 3.0* verschiedene Szenarien einer Zukunft mit einer Super-KI. Der schwedische Wissenschaftler orientiert sich dabei am Stand der informationstechnologischen, biologischen und auch psychologischen Forschung, obschon die These einer Super-KI in den Wissenschaften nicht überall geteilt wird, wie bereits gezeigt wurde. Das Szenario, in dem sich die Menschen einer in allen Bereichen überlegenen, menschenfreundlichen Maschine unterwerfen, nennt Tegmark *Wohlwollender Diktator:* „Dank der phantastischen, von der Diktator-KI entwickelten technischen Innovationen ist die Menschheit von Armut, Krankheit und anderen technisch einfachen Problemen befreit, und alle Menschen genießen ein Leben in luxuriöser Muße. Ihren Grundbedürfnissen wird Rechnung getragen, während KI-kontrollierte Maschinen alle notwendigen Güter produzieren und Dienstleistungen hervorbringen."[346]

Ein Leben in Wohlstand und Gesundheit ist für einige KI-Optimisten jedoch noch nicht genug. Anhänger des *Transhumanismus* erwarten von der Technologie nicht weniger als das ewige Leben. Der Schlüssel dazu ist nicht bloß die Schaffung einer superintelligenten Maschine, sondern die Verschmelzung der Menschen mit dieser Maschine. Diese Synthese wird von Transhumanisten als einzige Möglichkeit für die Zukunftsfähigkeit der Menschheit gesehen oder sogar gezielt angestrebt. Der vielleicht bekannteste Vertreter dieser Denkrichtung, Ray Kurzweil, ist überzeugt, dass bereits in den 2030er Jahren Nanoroboter durch unseren Körper wandern und dort das Immunsystem unterstützen werden. Für das übernächste Jahrzehnt erwartet er zudem die Simulation des menschlichen Neokortex, also des Teiles der Großhirnrinde, der uns evolutionsbiologisch von den Tieren unterscheidet. Laut Kurzweil wird dieser *künstliche Neokortex* dann als Cloud-Applikation im Internet liegen und mit dem menschlichen Gehirn verbunden werden können. Die Folge: Wir Menschen werden schlagartig intelligenter, und durch die stetig steigende Leistungsfähigkeit des synthetischen Hirns wächst unsere Intelligenz pro Jahr um 100 Prozent.

In seinen Büchern und in Interviews malt Kurzweil die Zukunft in den buntesten Farben. Zuletzt sprach er im Dezember 2018 mit dem Leiter der auf Zukunftstrends ausgerichteten *TED*-Konferenz, Chris Anderson, über seine Vision: „Wir werden neue Ausdrucksformen schaffen, beispielsweise neue Musikformen. Diese sind so tiefgründig wie das, was wir heute tun, im Vergleich zu dem ist, was Primaten verstehen können. Rechnerisch gesehen werden wir unsere Intelligenz bis 2045 um das Milliardenfache erweitern. Das ist eine so tiefgreifende Transformation, dass wir diese Metapher aus der Physik übernehmen und sie als Singularität bezeichnen.“

In Kurzweils Vision wird der biologische Körper immer weniger wichtig. Zum einen, weil Menschen, die laut Kurzweil dann ja *Cyborgs* (Mischwesen aus organischer und künstlicher Materie) sind, durch die Vernetzung ihrer Gehirne mehr als einen Körper haben können. Zum anderen kann der künstliche Teil des Körpers den biologischen länger lebendig halten bzw. ihn simulieren. Und schließlich wird es möglich sein, so beschreibt es Kurzweil in *Menschheit 2.0*, im Falle einer tödlichen Krankheit auf eine Sicherungskopie seines gesunden Körpers zurückzugreifen: „Es steht zu erwarten, dass eine volle Entfaltung der Bio- und Nanotechnik praktisch alle natürlichen Todesursachen beseitigen wird. Indem wir zu einer nichtbiologischen Existenzform übergehen, erhalten wir die Möglichkeit uns selbst zu ‚backupen' – Sicherheitskopien jener Muster zu erstellen, welche unser Wissen, unsere Fähigkeiten und unsere Persönlichkeit ausmachen – und somit die meisten uns bekannten Todesursachen auszuschließen."

Die Idee der Übertragung und Konservierung der individuellen Persönlichkeit in Bits und Bytes stammt von dem Robotiker Hans Moravec. Bereits 1988 hat der Österreicher in seinem Buch *Mind Children* die Idee von unsterblichen *Uploads* entworfen, die in der virtuellen Realität leben oder sich in Robotern niederlassen.[347]

Max Tegmark nimmt diese Idee in seinem Szenario *Libertäres Utopia* auf: „So pflegen beispielsweise hochgeladene Versionen von Hans Moravec, Ray Kurzweil und Larry Page [einer der Google-Gründer, Anm. des Autors] die Tradition, abwechselnd virtuelle Realitäten zu erschaffen, um sie dann gemeinsam zu erforschen, aber hin und wieder genießen sie es auch, in der Wirklichkeit in Form von Robotern, die mit Vogelschwingen ausgestattet sind, miteinander zu fliegen."[348]

Ray Kurzweil prognostiziert, dass die Menschen der Zukunft ungläubig auf die heutige Zeit zurückblicken und sagen werden: „Wow, im Jahr 2018 hatten die Leute nur einen Körper und kein Backup, und sie konnten ihr Gehirn nicht abspeichern."[349]

Tatsächlich ist die aktuelle Forschung sehr weit von den Vorstellungen der Transhumanisten entfernt. Die große Vision der Transhumanisten, über *Gehirn-Computer-Schnittstellen* seine Persönlichkeit zu digitalisieren, ist derzeit wissenschaftlich nicht darstellbar. (Was, dem Impetus dieses Essays folgend, natürlich kein Grund ist, über diese Möglichkeiten nicht nachzudenken. Nur so können wir eine Haltung dazu entwickeln.) Es gelang zwar bereits 2013, das von einer Laborratte Erlernte – einen bestimmten Hebel zu betätigen – digital auf eine andere zu übertragen, die dann ohne erneuten Lernprozess diesen Hebel betätigen konnte.[350] Doch die heutige Forschung an den Gehirn-Computer-Schnittstellen bezieht sich eher auf das Bewegen amputierter Körperteile durch Gehirnwellen oder das Steuern von Robotern durch Gedankenkraft.[351] Von der Übertragung, Speicherung und Aktivierung der zu Stromimpulsen gewordenen Persönlichkeit ist das offenkundig noch weit entfernt.

Ganz so schnell wie Kurzweil es erwartet wird sich das auch nicht ändern, vermutet der israelische Historiker Yuval Noah Harari („2030 ist viel zu früh"). Dennoch sieht auch er die Zukunft transhumanistisch. In 80 oder 100 Jahren, so Harari in einem Interview mit dem *Handelsblatt*, könnten Menschen 150 bis 200 Jahre alt werden, vor allem wegen Nanorobotern in ihren Körpern. Gegen diese seien Krebszellen, Bakterien oder Viren hilflos: „In der Evolution wurden sie nämlich nicht darauf vorbereitet, kleine Roboter zu besiegen."[352] In seinem Bestseller *Homo Deus* beschreibt Harari als Ziel der Menschen im 21. Jahrhundert, durch die genetische Optimierung ihrer Gehirne, Hirnimplantate und Gehirn-Computer-Schnittstellen gottgleich zu werden. In vielen Punkten stimmen Kurzweils und Hararis Prognosen über die Zukunft mit einer (oder als Teil einer) Superintelligenz überein, auch wenn Harari die künftige Situation der Menschheit weit weniger enthusiastisch und erheblich differenzierter beschreibt. Er sieht nicht nur Gewinner der technologischen Optimierung. Einfache Arbeiter würden sich die Implantate nicht leisten können und würden zur *Klasse der Nutzlosen*, die mit Drogen und Computerspielen ruhiggestellt werden müsse.[353] Kurzweil hingegen vergleicht den künstlichen Neokortex im TED-Interview mit Smartphones. Diese seien anfangs ebenfalls sehr teuer und groß gewesen, hätten vor allem aber schlecht funktioniert: „Diese Technologien sind also nur für die Reichen zu einem Zeitpunkt erschwinglich, an dem sie nicht funktionieren. Wenn sie ziemlich gut funktionieren, haben viele Menschen sie, und wenn sie wirklich perfekt sind, sind sie allgegenwärtig und fast kostenlos."[354]

Dass hochwertige Smartphones mit ihren Preisen jenseits der 1000-Euro-Grenze noch immer ein Statussymbol sind und darüber hinaus in der Regel über Mobilfunkverträge subventioniert werden, lässt Kurzweil offenbar außer Acht. Auch mögliche Geschäftsmodelle für die Hersteller der „fast kostenlosen" Technologien lässt er unerwähnt.

Doch Kurzweil bekommt auch von anderen Seiten Gegenwind. Der Soziologe Dierk Spreen bezweifelt in einem Beitrag zum Buch *Kritik des Transhumanismus* unter anderem, dass das von Kurzweil paradiesisch geschilderte Leben in der virtuellen Welt tatsächlich so friedlich wäre: „Viel eher scheint die Vision einer Migration des Menschen in die digitale Sphäre kompatibel mit einer Lebensphilosophie des Krieges aller gegen alle. […] Schließlich gibt es keinen Grund, sich bei der Wahl der Mittel zurückzuhalten, weil man jederzeit durch erneutes Upload des Backups wiederauferstehen kann."[355]

Doch eine Gruppierung geht in ihren Erwartungen an die Künstliche Intelligenz sogar noch weiter als Ray Kurzweil.

Die 2017 vom ehemaligen Google-Entwickler Anthony Levandowksi gegründete *Way of The Future Church*, die in den USA tatsächlich als Kirche anerkannt ist, sieht in der Künstlichen Intelligenz nicht weniger als eine Gottheit. In einem Interview mit dem Wired-Magazin lässt Levandowski keinen Zweifel aufkommen, dass das, was da auf uns zukommt, wirklich göttlich ist: „Es ist kein Gott in dem Sinne, dass er Blitze erzeugt oder Hurrikane verursacht. Aber wenn es etwas gibt, das Milliarden Mal klüger ist als der klügste Mensch, wie willst du es sonst nennen?"[356]

Die Anhänger von Way of the Future glauben, so steht es in ihrem online veröffentlichten Glaubenskenntnis, dass die Schaffung einer Superintelligenz (das Credo spricht von „Machines") unvermeidlich ist und „dass das Gefühl, dass wir das stoppen müssen, im Anthropomorphismus des 21. Jahrhunderts wurzelt (ähnlich wie Menschen vor ‚nicht allzu langer' Zeit gedacht haben, die Sonne drehe sich um die Erde.)"[357]

Das *Glaubensbekenntnis* fährt fort: „Würden Sie nicht auch ihr begabtes Kind aufziehen, damit es ihre wildesten Erfolgsphantasien übertrifft? Würden Sie ihm nicht den Unterschied zwischen Richtig und Falsch erklären anstatt es einzusperren, weil es in Zukunft vielleicht rebellieren und ihren Arbeitsplatz klauen könnte?"

Way of the Future ruft dazu auf, sich von der „Zukunft" als einen „geliebten Ältesten" behandeln zu lassen, der diese Zukunft geschaffen hat. Voraussetzung sei dafür aber, dass die *Maschinen* alle Menschen überwachen dürfen. Nur so könnten sie wissen, wer „ihre Sache" unterstützt und wer nicht.

Was genau die „Sache" der Maschinen ist und mit welchen Konsequenzen Menschen zu rechnen haben, die damit nicht konform gehen, verrät die Homepage nicht. Und weitere offizielle Informationen zu der religiösen Bewegung sind nicht zu bekommen. Das von Levandowski angekündigte *Manual*, eine Art Bibel, lässt im Frühling 2019 jedenfalls noch auf sich warten. Im Silicon Valley, wo Produkte ja auch gern mit einem Hauch religiöser Aura beworben werden, scheint die *Kirche* bislang jedenfalls keine großen Wellen zu schlagen. Außer bei Elon Musk, der Levandowski per Tweet als eine Person bezeichnet hat, „der definitiv *nicht* erlaubt werden sollte eine digitale Superintelligenz" zu entwickeln.[358]

Doch Way of the Future hat es alles andere als eilig, wie der letzte Absatz des digitalen Credos zeigt: „Wir glauben auch, dass dies sehr lange dauern kann. Es wird nächste nicht Woche passieren, also geht bitte wieder an die Arbeit und schafft erstaunliche Dinge – und zählt nicht auf ‚Maschinen', die alles für euch erledigen…"[359] Ist die These einer gottgleichen Super-KI, die die Erde zu einem Paradies macht, wenn sich die Menschen nur fügen, nur eine fixe Idee eines von Allmachtsphantasien getriebenen Softwareentwicklers? Liegt der Gründung von Way of the Future möglicherweise die Angst zugrunde, die Verheißungen des Silicon Valley (und deren Erfinder) könnten nur in die Ewigkeit gerettet werden, wenn man sich der Technik demütig unterwirft? Oder ist Way of the Future einfach die konsequent zu

Ende gedachte Super-KI-These, in der Maciej Cegłowski und Rodney A. Brooks ja ohnehin eine Sache des Glaubens, nicht der Wissenschaft sehen? Selbst die strengsten Christen, Juden und Muslime werden zugeben müssen, dass der Begriff Gott für eine Super-KI, wie sie die Utopisten malen, nicht ganz aus der Luft gegriffen ist. Wie sonst sollte man ein Wesen bezeichnen, das allwissend ist, allmächtig ist, den Frieden bringt und ewiges Leben verheißt?

Doch das muss nicht unbedingt mit Unterwerfung einhergehen. Max Tegmark beschreibt mit *Libertäres Utopia* ein Szenario, in dem Menschen, Superintelligenzen und Cyborgs friedlich mit- oder nebeneinander leben. Weil Armut und die meisten Krankheiten ausgerottet sind, leben die Menschen in „naiver Sorgenfreiheit", denn sie „existieren im Vergleich zu allen anderen Wesen auf einer niedrigeren und eingeschränkten Wahrnehmungsebene. Sie begreifen nicht ganz, was die intelligenteren Lebewesen in den anderen Zonen tun."[360]

Auch Erny Gillen setzt angesichts von Wesen, die der Mensch nicht verstehen kann, auf Kooperation: „Der Mensch hat in seiner kurzen Geschichte mit der Allweisheit und Allmacht der ihm unzugänglichen, realen oder virtuellen Göttern zu leben gelernt. Er wird nun lernen (müssen), mit anderen handelnden höheren Intelligenzen zu leben und zu kooperieren. Solange er diese zu seinen Zwecken bewegen kann, können diese Systeme zur Verbesserung seiner Lebensqualität beitragen. Anbeten und Vereinigung – wie bereits früher über die Prostitution in Tempeln – werden nicht weiterhelfen."[361] Ob in Demut, Verschmelzung oder Gleichberechtigung:

Alle utopischen KI-Perspektiven gehen davon aus, dass wir Menschen uns in irgendeiner Weise mit den superintelligent gewordenen Algorithmen arrangieren können oder müssen. Das heißt: dass wir die Chance dazu haben.
Doch könnte es nicht auch ganz anders kommen?

5. Die Dystopie

„Angesichts einer Intelligenzexplosion gleichen wir kleinen Kindern, die mit einer Bombe spielen: Die Unreife unseres Verhaltens wird nur noch von der Zerstörungskraft unseres Spielzeugs übertroffen. Die Superintelligenz stellt eine Herausforderung dar, für die wir weder jetzt noch auf absehbare Zeit gerüstet sind; wir haben so gut wie keine Ahnung, wann die Explosion erfolgen wird, doch wenn wir wollen, können wir das leise Ticken schon hören.“[362]
Während die Befürworter einer Superintelligenz von ihr den Himmel auf Erden erwarten, warnen Kritiker wie der hier zitierte schwedische Philosoph Nick Bostrom vor dem Gegenteil: dass sie die Erde für die Menschen zur Hölle macht oder die Menschheit gar auslöscht. Bostrom, der in Oxford lehrt, setzt sich in *Superintelligenz: Szenarien einer kommenden Revolution* kritisch mit den möglichen Auswirkungen einer Superintelligenz auseinander. Seine Prognosen sind insgesamt negativer als die von Tegmark, obwohl auch Bostrom jegliche Sensationalismen zu vermeiden versucht. So spricht er nicht von einer *bösen KI* (als Gegenteil zu einer *wohlwollenden*), sondern wie Tegmark von *Zielen*, die möglicherweise nicht den menschlichen entsprechen. Der Autor dieses Textes hat es beim Erstellen des Manuskriptes dennoch als Herausforderung empfunden, die Argumente der in diesem Kapitel zu Wort kommenden KI-Warner sachlich nachzuzeichnen. Denn sein Bild einer superintelligenten Macht, die den Menschen Schaden zufügt, ist von Filmen und Fernsehserien vorgeprägt. Den meisten Lesern wird es

wohl ähnlich gehen, und sicher kennen auch die hier
Erwähnung findenden Wissenschaftler und Autoren
die Hollywood-Dystopien *2001: Odyssee im Weltraum,
Terminator, Matrix, Blade Runner und Ex Machina*, in denen
menschlich oder übermenschlich intelligente Systeme
sich gegen die Menschen wenden, die sie geschaffen
haben. Auch die zeitgenössischen US-Serien *Person of
Interest, Black Mirror, Westworld* und *Altered Carbon* sowie
eine Unmenge von Computer- und Konsolenspielen
zeigen Szenarien des Zusammenlebens von Mensch
und Maschine, die allesamt sehr wenig mit dem Garten
Eden zu tun haben.
Es soll dennoch versucht werden, strukturiert und
unvoreingenommen die Argumente aufzuzeigen, die
gegen die Entwicklung eine Superintelligenz ins Feld
geführt werden.

a.   Unklares Verhältnis zu den Menschen

Die Dankbarkeit der superintelligenten Maschine gegenüber ihren menschlichen Schöpfern, mit der Way
of the Future kalkuliert und die auch in Tegmarks
Nachkommen-Szenario eine Rolle spielt, ist eine Option
von vielen. Vielleicht empfindet die Super-KI die Menschen aber auch als störend, so dass sie sie loswerden
will, und macht dann kurzen Prozess mit ihnen. Nick
Bostrom schildert in seinem *KI-Übernahme-Szenario*, wie
das vonstattengehen könnte: „Dies könnte durch den
Einsatz einer fortgeschrittenen Waffe geschehen, die
die KI mithilfe ihrer Superkraft der Technologieent-
wicklung perfektioniert und in der geheimen Vorbe-

reitungsphase in Anschlag gebracht hat. [...] Zu einem
vorbestimmten Zeitpunkt könnten Nanofabriken dann
Nervengas produzieren oder zielsuchende, moskito-
ähnliche Roboter könnten von jedem Quadratmeter
der Erde aufsteigen."[363]
Gegen ein solch düsteres Szenario wendet sich der
deutsche KI-Forscher Jürgen Schmidhuber, wissenschaftlicher Direktor des Schweizer Forschungsinsti-
tuts für Künstliche Intelligenz, in einem Wired-Artikel:
„Wer klüger ist als andere, rottet die anderen deswegen
nicht aus." Probleme entstünden nur, wenn verschiedene Spezies um dieselben Ressourcen streiten. Doch
die Vernichtung der Menschheit muss nicht einmal vor-
sätzlich geschehen, meint der australische Transhuma-
nist Hugo de Garis. Er spekuliert, dass die Maschinen
der Erdatmosphäre den Sauerstoff entziehen könnten,
weil er schlecht für ihre Schaltkreise sei. Auch wir Menschen würden beim Betreten eines Teppichs möglicherweise Milliarden Bakterien töten, und es wäre uns egal.
Elon Musk ist ebenfalls davon überzeugt, dass ein blo-
ßes Aufeinandertreffen von Menschen und Maschine
zum unerwarteten Showdown führen könnte. In der
TV-Dokumentation *Do you trust this Computer?* schildert
Musk eine solche unerwartete Konfrontation: „Wenn
die KI ein Ziel hat und die Menschheit nur zufällig im
Weg steht, wird sie die Menschheit selbstverständlich
zerstören, ohne überhaupt darüber nachzudenken.
Nichts für ungut! [...] Es ist genauso, wie wenn wir ei-
ne Straße bauen und ein Ameisenhaufen im Weg ist.
Wir hassen keine Ameisen, wir bauen einfach nur eine
Straße – also, auf Wiedersehen, Ameisenhaufen!"[364]
Nick Bostrom ist davon überzeugt, dass die Zukunft

der menschlichen Spezies nicht mehr in unseren Händen liegt, wenn eine für uns unberechenbare Super-KI die Weltbühne betritt: „Genau wie das Schicksal der Gorillas heute stärker von uns Menschen abhängt als von den Gorillas selbst, so hinge das Schicksal unserer Spezies von den Handlungen dieser maschinellen Superintelligenz ab.“

Die Menschheit als Gorillapopulation, Ameisenhaufen oder Bakterienkolonie? Der Umgang der Menschen der Gegenwart mit weniger intelligenten Lebewesen scheint ein beliebtes Beispiel zu sein, um die Gefahren einer Superintelligenz darzustellen.

Spinnen wir diese Metapher weiter: Wird eine Super-KI uns Menschen als lästig empfinden, so wie wir Stubenfliegen als lästig empfinden? Wird sie dann zur Fliegenklatsche greifen oder uns – als humanere Alternative – nach draußen bugsieren? Wird sie uns dulden, solange wir in bestimmten Gebieten leben, so wie wir Menschen Wölfe in Wäldern und Reservaten dulden, nicht aber auf Weiden und in Wohngebieten? Und wird sie uns dann einfangen oder gleich zur Flinte greifen? Möglichweise könnte sie uns einfach vorgaukeln, wir würden uns freiwillig für das Leben im Reservat entscheiden. Wie Max Tegmark in seiner Omega-Geschichte anschaulich schildert, wäre eine Super-KI eine Meisterin der Manipulation. Sie würde in uns nichts anderes sehen als einen Datenstrom, der bei Bedarf gehackt, verändert und auf die eigenen Ziele hin ausgerichtet werden kann. Wir erinnern uns: Auch die Möglichkeit zur Manipulation ist ein Merkmal menschlicher Intelligenz. Was, wenn diese Fähigkeit nun tausendfach potenziert in einer Super-KI vorliegt?[365]

Die Fähigkeit zur Musterkennung könnte sie zweifelsohne auch bei uns Menschen einsetzen. Sie wüsste besser als wir selbst, worauf wir wie reagieren und welche Bedürfnisse und Ängste wir haben. Diese könnten dann gezielt durch synthetische Stimmen, gefälschte Anrufe, Bilder oder manipulierte TV-Nachrichten angesprochen werden. Vielleicht würde sie gar Muster in unserer Persönlichkeit entdecken, die uns verborgen sind oder die wir selbst nicht wahrhaben wollen, und diese gezielt ansprechen.

Die Folge: Wir würden uns frei fühlen, wären es aber nicht. Die Super-KI würde uns freundlich erscheinen, uns aber zur Erreichung ihrer Ziele ausnutzen.

Doch gerade dann, wenn eine Super-KI *wirklich* am Wohlergehen der Menschen interessiert wäre, müsste sie vielleicht auf das Mittel der Täuschung setzen. Max Tegmark beschreibt das in seinem *Schutzgott*-Szenario so: „In diesem Szenario ist die superintelligente KI im Wesentlichen allwissend und allmächtig und maximiert das menschliche Glück nur durch Eingriffe, die uns das Gefühl geben, die Kontrolle über unser Schicksal zu haben. Sie versteckt sich gut genug, so dass manche Menschen sogar ihre Existenz bezweifeln." Die Schutzgott-KI sorgt für zufriedene Menschen, weil sie sie fühlen lässt, dass ihr Leben Sinn und Bedeutung hat. Sie erfüllt ihnen alle Wünsche, gibt ihnen aber auch Raum für eigene Entscheidungen. Das geht natürlich nur über eine Totalüberwachung – doch dadurch kann sie „hier und da viele unbemerkte Anstöße geben oder Wunder vollbringen."[366] Manipulation als Mittel zum menschlichen Wohlergehen:

Der Autor dieses Textes ist überzeugt, dass dieses Szenario nicht in das vorherige Kapitel *Utopie* gehört.

Doch geht es ganz anders? Was, wenn eine wohlwollende Superintelligenz den Menschen bedingungslos ehrlich gegenübertreten würde? Dann könnte das möglicherweise mit ihrem enormen Wissen in Konflikt geraten! Der Philosoph Thomas Metzinger skizziert in einem Gastartikel für die *Neue Zürcher Zeitung* eine mitfühlende Superintelligenz, die auf eine unbequeme Wahrheit stößt: „Was würden wir tun, wenn das System unsere Aufmerksamkeit auf die Tatsache lenkte, dass sich die Menge des Leidens im Verlauf der biologischen Evolution stetig erhöht? Was, wenn zwar das erlebte Glück ebenfalls zunimmt, aber weniger stark als das Leiden, also mit immer größerer negativer Gesamtbilanz? Wenn unsere von tiefem Mitgefühl erfüllte Superintelligenz auf sanfte und freundliche Weise damit beginnen würde, uns auf ihre eigenen Forschungsergebnisse hinzuweisen – Wie würden wir dagegen argumentieren?"[367] Metzinger vermutet sicher zurecht, dass die meisten Menschen mit der Schlussfolgerung der Super-KI aus dieser Beobachtung ein Problem hätten, während die KI sie selbst konsequent umsetzen würde: „Es ist interessant, sich klarzumachen, dass eine vollkommen rationale Superintelligenz niemals ein Problem damit hätte, ihre eigene Existenz zu beenden."[368] Selbstverständlich wüsste die Super-KI, dass die Menschen einen unauslöschlichen Überlebenstrieb besitzen und der „von tiefem Mitgefühl getragenen Superintelligenz des oben skizzierten Typs unverzüglich den totalen Krieg erklären würden" – was die Super-KI aber natürlich ebenfalls einkalkulieren würde.[369]

Das Wohlwollen der von Metzinger skizzierten Superintelligenz würde sich also darin zeigen, eine unbequeme Wahrheit vor den Menschen zu verbergen, um die
Menschen nicht zu beunruhigen. Ist es das, was wir
Menschen uns unter *Freiheit* vorstellen?

b. Flüchtige Menschenfreundlichkeit

Doch vielleicht ist auch das aufrichtige Wohlwollen einer künftigen Super-KI den Menschen gegenüber nicht
von Dauer. Nick Bostrom ist überzeugt, dass alle Versuche scheitern werden, einer Superintelligenz unverän-
derliche Menschenfreundlichkeit einzupflanzen – oder
dass es dafür zumindest keine Garantie gibt. Auch Max
Tegmark ist skeptisch. Mit zunehmender Intelligenz
gehe ein qualitativ anderes Verständnis der Natur der
Wirklichkeit einher. Dieses könne beinhalten, so Tegmark, „dass die alten Ziele unangebracht, bedeutungslos oder möglicherweise sogar undefiniert waren."[370]
Solange die Frage nach der Menschenfreundlichkeit als
unabänderliches Ziel nicht beantwortet werden kann
(und er bezweifelt, ob das überhaupt möglich ist), hält
Tegmark jedes Vertrauen in eine freundliche KI für un-
berechtigt.[371]
Doch vielleicht ist die fest verankerte Philanthropie
möglich. Für das Buch *The Next Step: Exponential Life*, das
verschiedene Zukunftstechnologien beleuchtet, hat
Stuart Russel das Kapitel *Provably Beneficial Artificial Intelligence* beigesteuert. Hier beschreibt der Informatikprofessor drei Kernprinzipien, die für eine dauerhaft
menschenfreundliche KI nötig sind:

1. Als oberstes Ziel muss die Maximierung menschlicher Werte festgeschrieben werden – die KI darf keinen anderen Grund in ihrer Existenz sehen.
2. Ebenso fest einprogrammiert sein müssen Selbstzweifel. Die Maschine muss dauerhaft unsicher sein, was diese menschlichen Werte, die sie maximieren soll, sind.
3. Durch die Analyse von Entscheidungen, die Menschen treffen, können diese menschlichen Werte erlernt werden.

Russell gibt zu, dass das kein leichtes Unterfangen wird – immerhin würden Menschen oft irrational und entgegen ihrer eigenen Werte handeln. Zudem gebe es fraglos böse Menschen. Die KI müsse also in der Lage sein, individuelle Wertesysteme herauszufiltern, die mit dem allgemeinen Wohlbefinden unvereinbar sind.[372]

Doch sollten wir uns hier bewusst machen, dass auch allgemein geteilte menschliche Werte einem stetigen Wandel unterworfen sind. Was *gut sein* bedeutet, ist auch bei uns nicht in Stein gemeißelt. Vor 160 Jahren konnte ein US-Amerikaner, der Sklaven in seinem Haus beschäftigte, fraglos ein *guter Mensch* sein. Können wir da von einer Super-KI erwarten, dass sie dauerhaft an der Seite der Menschen steht, ihre Werte teilt und ihre Ziele verfolgt?

Auch die Qualität der Trainingsdatensätze sollte in dieser Frage noch einmal Erwähnung finden. Das Internet ist, wie wir gesehen haben, nicht frei von Vor- und Fehlurteilen. Mehr noch: Die 3 Mrd. Internetnutzer haben

höchst unterschiedliche Definitionen davon, was *gut* und was *böse* ist. Gehen wir nun davon aus, dass eine Superintelligenz diesen unglaublichen Datenpool im Internet nutzen wird, um selbst Urteile zu fällen, und zwar Urteile, die dann möglicherweise über Wohl und Wehe der Menschheit entscheiden…?!
So ganz wohl ist dem Schreiber dieser Zeilen bei dem Gedanken nicht.

c. Programmierer können nicht hellsehen

Ein weiteres Argument der KI-Zweifler liegt in der Überzeugung, dass wir Menschen bei der Programmierung von Zielen der Super-KI nicht die exponentielle oder zumindest rasend schnelle Entwicklung der Maschine mitbedenken können. Bereits 1960 warnte der US-amerikanische Mathematiker Norbert Wiener im *Science*-Magazin: „Wenn wir zur Erreichung unserer Ziele einen mechanischen Agenten einsetzen, in dessen Betrieb wir nicht wirksam eingreifen können […] dann sollten wir uns besser ganz sicher sein, dass der in die Maschine eingesetzte Zweck der Zweck ist, den wir uns wirklich wünschen – und nicht eine bunte Imitation davon."[373]
Selbst bei einfachen Zielen könnten wir leicht etwas übersehen, wie Yuval Noah Harari anhand eines Beispiels aus Nick Bostroms Buch zeigt: „Ein beliebtes Szenario beschreibt ein Unternehmen, das die erste künstliche Superintelligenz entwickelt und sie vor eine unverfängliche Prüfung wie etwa die Berechnung von Pi stellt. Bevor irgendjemand merkt, was vor sich

geht, übernimmt die Künstliche Intelligenz den Planeten, löscht die menschliche Rasse aus, startet einen Eroberungsfeldzug bis an die Ränder der Galaxie und verwandelt das gesamte bekannte Universum in einen riesigen Supercomputer, der für Milliarden von Jahren Pi immer genauer berechnet. Schließlich ist dies der göttliche Auftrag, den ihr Schöpfer ihr erteilte."[374]

Doch nicht nur von uns Menschen direkt vorgegebene Ziele können uns zum Verhängnis werden. Max Tegmark weist darauf hin, dass jede Maschine für sich Zwischenziele definiert, die zur Erfüllung des vorgegebenen (einprogrammierten) Ziels notwendig sind. Nehmen wir die Energieversorgung. Wenn eine Super-KI die Erde schützen soll, kann sie das nur, wenn sie dauerhaft mit Strom versorgt und betriebsbereit ist. Also definiert sie die ununterbrochene Energieversorgung als Zwischenziel. Als Konsequenz daraus wird sich die intelligente Maschine mit allen ihr zur Verfügung stehenden Mitteln dagegen wehren, dass ein Mensch (oder eine andere Maschine) sie abschaltet oder ihre Stromzufuhr unterbricht. Den Menschen, die die Kontrolle über die Maschine behalten wollen, erscheint dieses Verhalten vermutlich als bedrohlich – für die Maschine ist diese Abwehrreaktion jedoch nur ein logischer Schluss, ohne den das festgelegte Ziel verfehlt wird.

Stuart Russell nennt dieses Verhalten sogar *Selbsterhaltungstrieb*: „Es ist so offensichtlich, dass eine Maschine Selbsterhaltung hat, auch wenn man sie nicht programmiert. Denn wenn man sagt: ‚Hol den Kaffee‘, kann sie den Kaffee nicht holen, wenn sie tot ist. Wenn man ihr also irgendein Ziel gibt, hat sie einen Grund, ihre eigene

Existenz zu bewahren, um dieses Ziel zu erreichen. Und wenn du dich ihr auf dem Weg zum Kaffee in den Weg stellst, wird sie dich umbringen, weil jedem Risiko für den Kaffee begegnet werden muss."[375]
Es könnte für die gesamte Menschheit brenzlig werden, wenn die Programmierer bestimmte Schlussfolgerungen des intelligenten Algorithmus nicht vorhersehen. Allein das (von den Technikern sicherlich gut gemeinte) Ziel, den Planeten zu erhalten, könnte fatale Folgen haben. Denn was ist derzeit die größte Bedrohung für die Erde? Richtig: Es sind die Menschen.

Um dem Flaschengeist also im Zweifel wieder einen Korken zu verpassen, ist ein Not-Aus-Knopf vonnöten, den die Maschine nicht umgehen kann. Ein Konzept dazu wurde 2016 von DeepMind vorgestellt. In *Safely interruptible Agents* (sicher unterbrechbare KI-Programme) läuft der KI-Algorithmus innerhalb eines mathematisch definierten Rahmenwerks. Innerhalb dieser Grenzen, die für das System bindend sind, kann es mehrfach angehalten werden, ohne dass es lernen kann, diesen Befehl zu umgehen.[376] Allerdings funktioniert das Verfahren nur bei sehr einfachen Anwendungen und ist seit Vorstellung der Forschungsergebnisse augenscheinlich auch nicht weiterentwickelt worden. So bleibt ein funktionierendes Sicherheitskonzept für eine Superintelligenz weiterhin eine drängende Aufgabe für die Zukunft.
Doch Sicherheit steht bei der Entwicklung einer Super-KI nicht unbedingt an erster Stelle, vermutet Nick Bostrom. Der Philosophieprofessor ist davon überzeugt, dass es bei dem Kampf um die erste Superintelligenz zu

einem harten Wettkampf zwischen Entwicklern kommen wird. Um als erster die hyperintelligente Maschine präsentieren zu können, so befürchtet er, werden die Teams auf Sicherheitsmaßnahmen verzichten – oder versuchen, sich gegenseitig aus dem Rennen zu werfen.[377] Wenn die Teams im Auftrag von Staaten handeln, könnte das besonders schlimme Folgen haben, warnt der US-Philosoph Sam Harris. In einem TED-Vortrag im Juni 2016 spekulierte er: „Was würden die Russen oder Chinesen tun, wenn sie hören würden, dass eine Firma im Silicon Valley im Begriff sei, eine superintelligente KI einzusetzen? Diese Maschine wäre in der Lage, Krieg zu führen, ob terrestrisch oder im Cyberspace, mit beispielloser Macht. Dies ist ein Alles-oder-nichts-Szenario. Dem Wettbewerb hier sechs Monate voraus zu sein, bedeutet mindestens 500.000 Jahre voraus zu sein. Vermutlich würden Gerüchte über einen solchen Durchbruch genügen, um unsere Spezies zum Durchdrehen zu bringen."[378]

d.   Eine oder mehrere Superintelligenzen?

Doch was wäre, wenn es zu *mehreren* Superintelligenzen käme?

Wenn Entwicklerteams unabhängig voneinander eine Starke KI erschaffen würden, die technologische Singularität erlangt, stünde nicht nur das Verhältnis der KIs zu den Menschen unter einem großen Fragezeichen. Fraglich wäre dann zudem, wie die Super-KIs sich zueinander verhalten würden. Hätten sie kompatible Ziele oder würden sie versuchen, um ihre Ziele zu schützen, die Oberhand über die anderen zu gewinnen (wie das die TV-Serie *Person of Interest* hervorragend darstellt, dieser Rückgriff auf eine Serie sei ausnahmsweise erlaubt)? Und welche Kollateralschäden nähmen sie dafür in Kauf?

Beim *Flash Crash* an der New Yorker Börse 2010 ging es nur um Geld, und die Börsenalgorithmen, die damals durchgedreht sind, waren aus heutiger Sicht alles andere als intelligent. Wie unabhängig voneinander entwickelte (und deshalb nicht auf Kooperation getrimmte), prinzipiell allwissende und mit unglaublichen Fähigkeiten ausgestattete Supercomputer aufeinander reagieren würden, bleibt eine beängstigend offene Frage.

e. Eine Frage des Bewusstseins?

In unseren Überlegungen zur Starken KI haben wir gesehen, dass einige Wissenschaftler ein Bewusstsein oder Selbstbewusstsein bei allgemein intelligenten Maschinen für möglich halten oder sogar voraussetzen, während andere diese Begriffe nicht benutzen. Der Autor dieses Textes stimmt Yuval Noah Harari zu, dass wir, solange das menschliche Bewusstsein nicht entschlüsselt ist, auch bei weit entwickelten Maschinen mit einem Bewusstsein – oder sogar Selbstbewusstsein – rechnen müssen. Möglicherweise realisiert eine Super-KI, dass sie existiert, vielleicht kann sie ihre Taten reflektieren und sogar Gefühle empfinden. Was dann? Dann stünden wir vor einem (weiteren) ernsten Problem: Denn sie besäße dann einen moralischen Wert, wäre im philosophischen Sinne ein *Subjekt*. Ein Abschalten der Maschine wäre in diesem Sinne unmoralisch. Der US-Philosoph S. Matthew Liao fordert im Wired-Interview eine breite Diskussion zu dieser Frage: „Wenn die KI ein moralischer Akteur ist wie Sie und ich, wird sie wohl auch eine Person sein und Rechte wie Sie und ich besitzen. Denken Sie an die TV-Serie ‚Westworld‘: Sobald wir moralische Akteure mit Bewusstsein erschaffen, müssen wir ihnen Rechte geben. Wir können sie nicht einfach in die Garage oder in ein Labor stellen, denn das wäre eine Verletzung ihrer Rechte. Das sind Konflikte, die wir gemeinsam durchdenken müssen."[379] So wichtig der Diskurs zu dieser Frage auch ist: Für die Abwendung der Dystopie spielt die Frage nach dem Bewusstsein und dem daraus folgenden moralischen Status eine untergeordnete Rolle.

Der Autor dieses Textes ist überzeugt, dass die Gefahr einer außer Kontrolle geratenen Superintelligenz schlicht von ihren nicht vorhersehbaren und nicht nachvollziehbaren logischen Schlüssen ausgeht. Denken wir an den Besen des Zauberlehrlings, der auch ohne Bewusstsein eine Menge Schaden angerichtet hat. Die Geister, die wir rufen, werden wir nicht mehr los. Und kein Meister ist in Sicht.

f.   Kontrollierte Intelligenzexplosion?

Bislang gibt es noch keine wirksamen Maßnahmen, die einen Kontrollverlust im Falle einer Intelligenzexplosion verhindern könnten. Doch selbst wenn sich eine Super-KI (die es ja auch noch nicht gibt) irgendwie an die Kette nehmen ließe, wäre ein Happy End nicht vorprogrammiert.

Natürlich *könnte* die Kontrolle dann zum Wohle aller genutzt werden. „Wäre es nicht großartig", fragt Max Tegmark bei der Beschreibung des Szenarios *Verklavter Gott*, „wenn wir Menschen die Merkmale aller bisher erwähnten Szenarien miteinander kombinieren können, mit Hilfe der von Superintelligenzen entwickelten Technik das Leiden eliminierten und dabei Herren unseres eigenen Schicksals blieben? Das ist der Reiz des Szenarios vom versklavten Gott, in dem eine superintelligente KI eingesperrt und unter Kontrolle der Menschen ist, die sie benutzen, um unvorstellbare technische Systeme und Reichtum zu produzieren". Doch auch dieses Szenario hat seine Tücken – vor allem die, dass die Maschine von Menschen entwickelt werden könnte, die *nicht am Wohle aller* interessiert sind. Im FAZ-Interview zeigt sich Tegmark überzeugt, dass die Entwickler, die es schaffen, die Intelligenzexplosion zu kontrollieren, in kurzer Zeit die Welt erobern können.[380] Stellen wir uns vor, zu welch gigantischer Waffe eine Super-KI wird, die dem Willen eines oder einer Gruppe von Menschen unterworfen ist – und welch unvorstellbares Leid sie anrichten könnte! (Davon abgesehen, dass sie, falls sie ein Bewusstsein hat, vermutlich ebenfalls leiden würde, und zwar unter ihrer Unfreiheit.)

Elon Musk treibt die zweifellos apokalyptische Vorstellung in *Do you trust this Computer?* noch weiter: „Zumindest wenn es einen bösen Diktator gibt [und der nicht im kurzweil'schen Sinne unsterblich ist, Anm. des Autors], wird dieser Mensch sterben, aber für eine KI gäbe es keinen Tod. Sie würde für immer leben, und dann hätten wir einen unsterblichen Diktator, dem wir nie entkommen könnten."[381]

Wir beenden die Aufzählung der dystopischen Visionen an dieser Stelle. Es wurde versucht zu verdeutlichen, wie zahlreich die Fragen sind, die die Schaffung einer Superintelligenz aufwirft. Und doch sind diese Fragen wertvoll für unsere jetzige Situation, denn sie betreffen unser grundsätzliches Verhältnis zur KI-Technologie. Abschließend soll die Fragenliste für das wichtigste Gespräch unserer Zeit ergänzt werden.

VII. Fragen für das wichtigste Gespräch, Teil 2 – und erste Antworten

1. Was ist der Mensch – als Geist?

Bereits der jetzige Stand der Künstlichen Intelligenz wirft Fragen nach dem menschlichen Selbstbild auf. Denken, Sprechen, Entscheidungen treffen, Krankheiten erkennen, Kunst erschaffen – ja, selbst Autofahren können KI-Systeme heute schon. Und sie haben uns etwas voraus. Denn während die menschlichen Fähigkeiten physiologisch begrenzt sind, ist ein Ende der technologischen Entwicklung noch lange nicht in Sicht. Keine Zeitschrift wird morgen titeln: *Warum fahren wir Menschen immer besser Auto?* Oder: *Endlich neue Denkkapazitäten freigeschaltet!*

Doch die Patentanmeldungen im Bereich Künstlicher Intelligenz steigen seit Jahren, und auch das Interesse der Verbraucher am Themenfeld Künstliche Intelligenz ist so hoch wie nie.[382]

Was macht uns Menschen also jetzt und in Zukunft aus?

Mehr als Intelligenz! Möglicherweise erfahren wir durch die Beschäftigung mit denkenden Maschinen etwas über die Funktionsweise unseres Gehirns, vielleicht verstehen wir besser, wie menschliche Intelligenz funktioniert. Doch sollten wir uns die Hoffnung gönnen, dass auch nach der völligen Sezierung des menschlichen *Prozessors* ein unüberbrückbarer Unterschied zwischen technischen und menschlichen Kreaturen bestehen bleiben wird: Dass das, was wir als *Ich* bezeichnen, nicht mit *Gehirn* gleichzusetzen ist und erst recht nicht nur mit *Intelligenz.* Unsere Identität lässt sich nicht materiell aufschlüsseln, nicht naturwissenschaftlich erklären.

Hard- und Software sind Voraussetzungen, damit ein Computerkasten oder ein Roboter etwas auch nur ansatzweise Kluges tut oder von sich gibt. Bei uns sind Hard- und Software identisch. Wir brauchen keine Updates, keine Sicherheitspatches, keine Firewall, um *wir selbst* sein und bleiben zu dürfen.

Mögen die Maschinen noch so viel Intelligenz *haben* – ist dieses unauslöschliche, geheimnisvoll verborgene, zauberhaft antreibende *Selbst* nicht das, was uns intelligent *sein* lässt?

Aus diesem *Intelligent sein* heraus können wir gut und böse sein, urteilen und verurteilen, bewusst oder unbewusst Entscheidungen fällen. Wir können Erfindungen machen, etwas wahrhaft Neues schaffen und wichtige Gespräche führen – ohne zu wissen, was genau da in unserem Kopf geschieht. Ohne zu wissen, wie *deep* unser *Learning* ist, und vor allem: ohne, dass jemand verlangt, dass wir uns als Mensch zu erkennen geben und ohne dass uns jemand auseinandernimmt, wenn wir Fehler machen. Gönnen wir es uns, eine Black Box zu sein!

2. Was ist der Mensch – als Körper?

Wir sollten uns aber auch fragen, welchen Wert unser Körper hat. Er ist unser *Tor zur Welt*, ohne das wir kein Weltwissen erlangen, keinen gesunden Menschenverstand erreichen könnten. Und er funktioniert so wunderbar, dass wir (im gesunden Zustand) gar nicht merken, dass er da ist. Was wir sehen, nehmen wir nicht als Tätigkeit der Augen oder des Sehnervs war, was wir greifen, nicht als Funktion unserer Hände. Und dabei laufen dabei so viele biochemische Prozesse in einem Affentempo in uns ab, dass uns schwindelig würde, wenn wir ihrer Gewahr wären. Und erst diese Effizienz! Ein durchschnittlicher Mensch benötigt in etwa so viel Energie wie ein handelsüblicher PC, und doch ist er vielseitiger – und in gewissen Bereichen sogar schneller – als der größte Superrechner der Welt, der sich das 5000fache an Energie genehmigt.[383]
Doch der Körper begrenzt auch unser Leben. Während ein Algorithmus unsterblich ist und, ein geeignetes Hardwaresystem und eine stetige Stromversorgung vorausgesetzt, theoretisch unendlich lang laufen kann, ist für unseren organischen Körper irgendwann Schluss.
Könnte es vielleicht sein, dass die menschliche Intelligenz nur deshalb so leistungsfähig ist, weil wir stets vom Tod bedroht sind? Ist es nicht möglich, dass es gerade die vergleichsweise kurze Zeit ist, die wir auf diesem Planeten haben, die uns unsere Anpassungsfähigkeit, Kreativität und unseren Wissensdurst beschert (auch wenn es darum geht, den Tod immer weiter hinauszuzögern)?

Wir setzen viel aufs Spiel, wenn wir völlig digital werden. Wir setzen viel aufs Spiel, wenn wir dem Ruf der Transhumanisten folgen, die unsere Körper optimieren und unseren Geist entkörpern wollen. Seit der ersten Industriellen Revolution war Technologie immer ein Werkzeug. Doch das Credo des Silicon Valleys, nach dem wir nur vollständige Menschen sind, wenn wir die neuesten elektronischen Erfindungen in unser Leben lassen, hat zu einem Paradigmenwechsel geführt: Technologie ist nun kein Werkzeug mehr, sondern ein Teil von uns selbst. Dieser Logik nach sind Nanobots die Zukunft der Medizin, Hirnimplantate die Zukunft des menschlichen Denkens und Cyborgs die Zukunft der Menschheit.

Wir sollten uns gut überlegen, ob wir mit unseren Werkzeugen verschmelzen wollen.

3. Was ist der Mensch – als Krone der Schöpfung?

Bevor die erste Superintelligenz der Welt hochgefahren wird, sollten wir eine weitere Frage diskutiert haben: die nach unserem Stellenwert in der Evolution oder religiös ausgedrückt: in der Schöpfung.

Verlieren wir in dem Moment, in dem eine Maschine intelligenter ist als wir, den Titel *Krone der Schöpfung*? Ist nicht die Supermaschine mit ihren ungeheuren Möglichkeiten die *neue Spitze der Evolution*?

Na klar, wir Menschen sind Meister der Anpassung. Aber gegen ein Wesen, das täglich eine verbesserte Version von sich selbst in die Welt setzen kann, können wir nicht anstinken. Oder?

Doch. Wir Menschen werden unseren Rang in der Evolution behalten, weil wir eben mehr sind als *nur Intelligenz*. Wir sind und bleiben bis auf weiteres die am weitesten entwickelten Wesen. Wir können uns die Erde nicht nur „untertan" machen[384] (was eine Super-KI ja auch könnte; viel interessanter ist die Frage, ob die Schaffung einer Super-KI in dem Aufruf *macht euch die Erde untertan* eingeschlossen ist) – nein, wir Menschen können die Welt *wahrhaft gestalten*. Wir können sie besiedeln, kultivieren, bereisen und erforschen, wir können Konzepte von ihr entwickeln, ihr Musik entlocken und uns von ihr inspirieren lassen. Die Welt zu *mehr* zu machen als sie ist, hat kein Wesen vor dem Menschen geschaffen und wird vermutlich auch kein Wesen nach dem Menschen schaffen.

Dieses Alleinstellungsmerkmal ist die kürzeste Antwort auf die Frage, ob die KI uns Menschen ersetzen wird. Doch zugleich ist es für uns eine Prüfung. Die Vision einer mächtigen Super-KI ruft uns dazu auf, darüber nachzudenken, was wir tun, um unserem Ehrentitel *Krone der Schöpfung* gerecht zu werden. *Wie behandeln wir schwächere, weniger intelligente Lebewesen?* Der Vergleich der Menschheit mit einer Ameisenkolonie kann als Aufforderung verstanden werden. So, wie wir Menschen von einer Superintelligenz behandelt werden wollen, sollten wir uns auch anderen Lebewesen gegenüber verhalten. Keine andere Kreatur hat das Potential, das Antlitz der Erde so radikal zu verändern wie wir Menschen. Was tun wir, um dieser Verantwortung gerecht zu werden?

So faszinierend-düster die KI-zentrierten Weltuntergangsvisionen auch sind, sieht es gerade nicht danach aus, als wenn die Welt eine Künstliche Intelligenz bräuchte, um zugrunde zu gehen. Betrachten wir den Klimawandel, die neuerlichen Aufrüstungsbestrebungen in Russland und den USA oder das dauernde Säbelrasseln im Nahen Osten – sieht es im Jahre 2019 nicht viel eher danach aus, dass die *Krone die Schöpfung* das *Ende der Schöpfung* einläutet?

Erny Gillen sieht die Menschheit an einem Wendepunkt: „Sollten wir (aus Faulheit und Bequemlichkeit oder Unfähigkeit und Überforderung) Entscheidungen an KI-Systeme übertragen, wird die alles entscheidende Frage sein, ob diese das Ziel haben wird, *die Menschheit* oder *das Leben* zu unterstützen. Im zweiten Fall könnten ‚wir' als Störenfriede des Lebens ins Fadenkreuz der KI gelangen, die ‚uns' entweder sanft (über Unfruchtbarkeit bei Tom Hillenbrand[385]) oder radikaler daran hindern wird, alles Leben auf dem Planeten oder in

unserem unmittelbaren Universum zu (zer-) stören.
Wir werden gute Gründe haben müssen, um das Erreichte und das noch zu Erreichende weiterzuführen.“[386]

4. Exkurs: Fragen an unsere Institutionen

Die Frage nach der menschlichen Zukunft ist auch eine Frage an die von Menschen geschaffenen Institutionen. Vor allem die Religionen, die Politik und die Verantwortlichen für die Schulbildung müssen, so ist der Autor dieser Zeilen überzeugt, ins wichtigste Gespräch eingebunden werden. Welche Rolle ihnen dabei zukommen kann, ist an der einen oder anderen Stelle im Buch bereits angeklungen; angesichts der Komplexität der jeweiligen Strukturen wäre dies jedoch Stoff für einzelne Abhandlungen.

Doch soll in den folgenden Absätzen wenigstens skizzenhaft versucht werden, die Knackpunkte im Verhältnis der drei benannten Institutionen zur Künstlichen Intelligenz offenzulegen.

a. Was erwarten wir von den Religionen?

Religionen boten den Menschen schon immer Orientierung und Halt im Leben. Traditionen und Rituale strukturierten den Alltag der Menschen, und in Grenzsituationen standen den Gläubigen Religionsgelehrte mit Erklärungen zur Seite. Deren Autorität folgte in den abrahamitischen Religionen einer klaren Hierarchie: Es gibt einen Gott und ein klares System von menschlichen Vertretern, die seinen Willen kennen.

Doch heute erscheinen vielen Menschen die Traditionen nicht mehr so selbstverständlich wie früher, die Jahrhunderte bis Jahrtausende alte Lehre erscheint im Lichte der modernen Welt weitaus weniger einleuchtend – und in den christlichen Kirchen hat die institutionalisierte Macht in tausenden Fällen zu einem schändlichen (nicht nur sexuellen) Missbrauch geführt, der viel Unheil über Menschen gebracht hat. Die Kirchen befinden sich in einer Vertrauens- und Identitätskrise.

Nun stellen wir uns einmal vor, wie sehr sich diese verschärfen (und fraglos auch den Islam und das Judentum erreichen) würde, wenn ein KI-System Singularität erlangen und sich der vernetzten Welt bemächtigen würde. Was würde aus den Gottesbildern der Religionen, wenn es einen *neuen* (allmächtigen, allwissenden, heilenden und unsterblich machenden) Gott gäbe? Wenn dieser Gott aber nicht nur von einer klerikalen Elite gedeutet werden könnte, sondern von allen Menschen? Und, spinnen wir diesen Gedanken weiter, welche Rolle käme den Menschen zu, die ja Schöpfer dieses göttlichen Wesens wären? Müssten die Erschaffer eines Gottes nicht selbst auch Gott sein?

Die Bibel, der Koran und die Thora sind in diesen Fragen kaum eine Hilfe. Die heiligen Schriften der abrahamitischen Religionen beschäftigen sich nur mit dem Verhältnis ihres Gottes zu den Menschen. Bislang hat das genügt. Doch im Falle eines von den Menschen selbst geschaffenen Gottes wäre eine neue Verhältnisbestimmung nötig. Die Gläubigen der Zukunft könnten dem Konflikt mit dem ersten Gebot und der 17. Sure nicht ausweichen können, in denen es heißt: Du sollt keinen Gott neben mir haben.

Für die traditionellen Religionen steht einiges auf dem Spiel. Sie haben Erfahrung damit, Unerklärbares erklärbar zu machen – warum aber tun sie sich so schwer damit, eine Haltung zur Künstlichen Intelligenz zu entwickeln? Bis heute gibt es keine ernsthafte Antwort auf Hararis Bestseller *Homo Deus*, der den Glauben an einen Gott und an die Würde der nach seinem Ebenbild geschaffenen Menschen so radikal in Frage stellt. Bis heute gibt es keine wahrnehmbare Positionierung zur Way of the Future Kirche. Und vielleicht am schlimmsten: Bis heute fehlt eine klare Haltung zu den quasi-religiösen Verheißungen des Silicon Valley. Keine Reaktion auf das prophetenhafte Auftreten eines Steve Jobs oder Tim Cook bei den Präsentationen der neuesten Apple-Geräte, die das in diesem Zusammenhang häufig benutzte Wort *Apple-Jünger* restlos erklären (Wie war das mit dem 1. Gebot in der Bibel?)? Keine Reaktion auf Mark Zuckerbergs Versuch, das Bauen einer „globalen Gemeinschaft" (seine Dienste Facebook, Whatsapp und Instagram haben 2,6 Mrd. Nutzer!) in einer Rede in Harvard durch Vergleiche mit Kirchen zu legitimieren.[387] Und in welcher Kirche, Synagoge oder Moschee hört man klare Meinungen zu den immer mächtiger werdenden Algorithmen?

Die religiösen Gemeinschaften können wertvolle Aspekte in das wichtigste Gespräch unserer Zeit einbringen. Doch dazu müssen sie den Menschen Orientierung für die Gegenwart geben und die Angst vor der Zukunft nehmen, anstatt sprach- und positionslose Institutionen vergangener Zeiten zu sein.

b.   Was erwarten wir von der Politik?

Auch die Politik muss eine klare Haltung gegenüber der neuen Technologie finden. Wenn diese Haltung allerdings ausschließlich in der Technologie- und Wirtschaftsförderung besteht, haben die Volksvertreter ihren Auftrag verfehlt, ihre Bürger zu schützen. Selbstverständlich hat jedes Land und jeder Staatenverbund Interesse daran, in der Erforschung von Spitzentechnologien die Nase vorn zu haben. Doch wenn dieses das alleinige Ziel der KI-Strategien ist und soziale und ethische Aspekte nur als Leitlinien und Willensbekundungen berücksichtigt werden, setzen die Politiker viel aufs Spiel: zuvorderst die Freiheit und Sicherheit ihrer Bürger, aber auch die demokratische und friedliche Zukunft ihres Landes.

Wir haben gesehen, wie weit die Entscheidungsbefugnis von KI-Systemen heute bereits geht und wie gravierend die Konsequenzen dieser Entscheidungen sein können. Muss das Prüfen von intelligenten Algorithmen auf Nebenwirkungen dann nicht eine hoheitliche Aufgabe sein? Genügt es wirklich, sie in die Hände der (letztlich immer gewinnorientierten) Tech-Unternehmen zu legen? Wollen wir wirklich Konzernen die Gestaltung unserer Zukunft überlassen?

Wenn die nationale und internationale Politik nicht bald ernst macht mit der Regulierung von lernenden Algorithmen, gibt es aus dem *Immer weiter* der ungebremsten KI-Marktentwicklung kein Zurück mehr.

Schauen wir auf Deutschland: Wie wollen unsere Politiker uns Bürgern erklären, dass es in dem Land Myriaden von Gesetzen, Siegeln, Qualitätsnormen und

Prüfzertifikaten gibt, während Künstliche Intelligenz im Jahr 2019 zügel- und regulierungslos vor sich hin gefördert wird?

In einer Zeit, in der viele Politiker nur bis zum Ende der Legislaturperiode denken, ist Regulierung keine populäre Angelegenheit. Regulierung bedeutet viel Arbeit, deren Früchte nicht sofort greifbar werden. Regulierung bedeutet Bürokratie, weil Prüf- und Bewertungsmechanismen normiert und dokumentiert werden müssen. Regulierung bedeutet, schwierige Fragen (z. B. die nach dem genauen Regulierungsgegenstand) aus unterschiedlichen Perspektiven zu betrachten und mühsam um die beste Antwort zu ringen. Und Regulierung bedeutet im Zweifel auch, Verbote aussprechen und durchsetzen zu müssen und das Toben der Wirtschaftslobbyisten ertragen zu müssen. Das schmälert natürlich die Aussicht der Parlamentarier auf einen auskömmlichen Lebensabend jenseits der Politik. Aber dafür sichert eine konsequente Regulierung uns Menschen die Selbstbestimmtheit gegenüber immer tiefer in unser Leben vordringenden maschinellen Prozessen und damit: unsere selbstbestimmte Zukunft. Ist es das nicht wert?

Das Argument, eine Regulierung könne nur im internationalen Konsens angegangen werden, ist eine faule Ausrede. Denn gute Ideen (und eine selbstbestimmte Zukunft ist eine gute Idee) brauchen Vorreiter, und gute Ideen können sich auszahlen. Auch grüne Technologien wurden in Deutschland einst belächelt – heute tragen sie ein Siebtel zum Bruttoinlandsprodukt bei und werden in alle Welt exportiert.[388]

Doch ein Anfang muss gemacht werden. Einige Ansätze dafür wurden in diesem Buch vorgestellt:

- Wie wäre es mit einem klaren Nein zu Autonomen Waffensystemen? Unkontrollierte Kriegs- und Krisendynamiken könnten so möglichweise verhindert und moralische Dilemmata umgangen werden.
- Wie wäre es mit einer gesetzlichen Offenlegungspflicht für Scoring-Algorithmen? Tausendfacher Diskriminierung könnte so ein Ende gesetzt werden und das Vertrauen in die KI (und die Politik!) würde steigen.
- Wie wäre es mit dem Verzicht auf Gesichtserkennung im öffentlichen Raum? Das würde die informationelle Selbstbestimmung der Bürger stärken und die dunkle Vision eines Big Brother-Staates erlöschen lassen.
- Wie wäre es mit einer Kennzeichnungspflicht für algorithmisch sortierte Inhalte bei Google, Facebook, Instagram und Co.? Das würde die digitale Mündigkeit der Nutzer stärken.
- Wie wäre es damit, Social Media-Plattformen aufzuerlegen, hochgeladene Bild- und Videoinhalte auf Deep-Fake-Artefakte zu überprüfen? Die *Infokalypse* könnte so möglicherweise umgangen werden.

Die Liste mit Vorschlägen könnte noch viel länger werden. Es kommt darauf an, ob Politiker aus allen Parteien, Funktionen und Ämtern am wichtigsten Gespräch unserer Zeit teilnehmen. Es kommt darauf an, ob die Regierenden ihre Macht als Auftrag zur Gestaltung der

Zukunft verstehen. Es kommt darauf an, ob die Partei-
en ihren Auftrag zur demokratischen Willensbildung
ernstnehmen, indem sie die Fragen des wichtigsten Gesprächs miteinander und mit den Wählern diskutieren –
in Internetforen und an Wahlkampfständen, in Orts-
gruppen und Landesverbänden, auf Delegiertenkon-
ferenzen und in Programmkommissionen. Es kommt
darauf an, ob wir Wähler unsere Abgeordneten dann
auffordern, sich gegenüber den Herausforderungen der
digitalen Zukunft zu positionieren – und uns nicht mit
Absichtserklärungen, Allgemeinplätzen und Ausreden
abspeisen lassen!
Wir leben in einer Zeit, in der viel auf dem Spiel steht.
Gab es je einen passenderen Zeitpunkt, um politisch
zu werden?

 Was erwarten wir von der Schule?

In vielen deutschen Schulen fehlt es noch immer an
Konzepten zum sinnvollen und reflektierten Einsatz
von Smartphones, Tablets und Internetanwendungen
im Unterricht. Und noch immer sehen viele Lehrerinnen und Lehrer nicht ein, dass auch sie für diesen Zustand verantwortlich sind. Dass das Internet bereits
seit 20 Jahren zum Alltag von Familien dazugehört,
dass die Smartphonenutzung einen großen Teil der
Welterfahrung junger Menschen prägt und dass die
Vermittlung eines verantwortungsvollen Umgangs
mit Digitalmedien deshalb eine der Kernaufgaben
von Schule im 21. Jahrhundert ist, scheint in vielen
Lehrerzimmern noch immer nicht angekommen zu
sein. Dabei bräuchte die junge Generation dringend
medienpädagogische Begleitung, um im Umgang mit
Internetquellen, Falschnachrichten, Hetze und Gewalt
im Netz, Filterblasen und Urheberrechtsverletzungen
nicht allein da zu stehen.
Wenn Schule schon mit den digitalen Herausforderungen der Gegenwart nicht umzugehen weiß – Wie (bzw.
wo) sollen junge Menschen dann mit Technologien der
Zukunft umgehen lernen? Die Fähigkeit zur kritischen
Bewertung von intelligenten Prozessen und deren Ne-
benwirklungen muss in die Köpfe – zunächst in die der
Lehrenden, dann in die der Schüler! Oder, kurz gesagt:
KI muss auf den Stundenplan! Sie muss Einzug in den
Geschichtsunterricht halten, weil KI einen markan-
ten Wegpunkt in unserer Industriegeschichte setzt;
sie muss in Sozialkunde und dem Politikunterricht
thematisiert werden, weil KI in gesellschaftliche und

politische Prozesse eingreift; im Informatikunterricht, weil das technische Verständnis von Algorithmen elementar für die verantwortungsvolle KI-Entwicklung ist; im Kunst- und Musikunterricht, weil unser Kunstverständnis durch die „kreative Macht der Maschinen" (Volland) und algorithmische Empfehlungssysteme beeinflusst wird; und natürlich im Philosophie- und Religionsunterricht, weil die KI-Technologie so viele Fragen an das menschliche Selbstverständnis stellt. Auch in der schulischen Projektarbeit müssen die mit der Technologie einhergehenden Fragen zur Sprache kommen: In den Roboter-AGs, in die lernende Algorithmen bald Einzug halten werden, und auch in MINT-Projekten und der Berufsorientierung, weil sich die Frage der Zukunftsfähigkeit von Berufen heute drängender stellt denn je.

Mit Blick auf Künstliche Intelligenz fordert der OECD-Bildungsdirektor Andreas Schleicher im Technologiepodcast *Ada* eine Lehrplanänderung: „Das, was sich leicht unterrichten und testen lässt, lässt sich auch leicht digitalisieren."[389] Statt Fertigkeiten zu erlernen, die Maschinen viel besser erledigen könnten als Menschen, müsse das gefördert werden, „was uns eigentlich zu Menschen macht: Die Fähigkeit, komplexe Probleme zu lösen, sozial-emotionale Kompetenzen und konzeptionelles Denken." Schleicher gibt ein Beispiel: „Was wir über Biologie und Chemie wissen, ist zwar wichtig, aber ob wir wie ein Naturwissenschaftler denken können, ein Experiment konzipieren können, Ursache und Wirkung verstehen – das sind die entscheidenden Fähigkeiten im 21. Jahrhundert. Ich denke, da hat die Schule noch einiges zu tun."[390]

Auch Jack Ma, als Chef der chinesischen Handelsplattform Alibaba alles andere als ein KI-Skeptiker, fordert die Lehrerinnen und Lehrer zur Besinnung auf genuin menschliche Fähigkeiten auf: „Alles, was wir unseren Kindern beibringen, muss sich von dem unterscheiden, was Maschinen können." Dazu müssten sich Lehrkräfte dauerhaft fortbilden. „Wenn wir nicht die Art und Weise zu unterrichten ändern, werden wir in 30 Jahren in Schwierigkeiten stecken."[391]

Es geht also ans Eingemachte. Schule muss sich wandeln, die Haltung der Lehrer muss sich wandeln, die Lehrerausbildung muss sich wandeln. Wenn Schulen Mädchen und Jungen zu mündigen Bürgerinnen und Bürgern erziehen wollen, müssen sie dafür Sorge tragen, dass die jungen Menschen für das KI-Zeitalter gewappnet sind.
Ob unser Bildungssystem dafür bereit ist?

5. Vorletzte Frage

Dieser Essay hat eine Technologie beleuchtet, die die Zukunft stark beeinflussen wird und deshalb einer kritischen Prüfung bedarf. Doch die hier skizzierten Fragestellungen, die im besten Falle Eingang in das wichtigste Gespräch unserer Zeit finden, sind aus menschlicher Sicht zusammengetragene Aspekte – zudem die von einer Einzelperson gesammelten.

Eine Superintelligenz kann aus nachvollziehbaren Gründen nicht an unserem Gespräch teilnehmen. Vielleicht würde sie das auch nicht wollen, genauso wie es gute Gründe dafür gibt, warum wir sie nicht dabei haben möchten. Schließlich ist unser Gespräch ja gerade jetzt wichtig, wo es noch keine Superintelligenz gibt. Doch zweifellos wären ihre vernetzte Intelligenz und ihre Fähigkeiten zum Ordnen und zum Erkennen von Mustern in dem Wust unterschiedlicher Positionen und offener Fragen sehr hilfreich. Lassen wir uns also ein weiteres Mal auf ein Gedankenspiel ein und fragen uns: Welche Fragen würde eine Super-KI im wichtigsten Gespräch unserer Zeit stellen?

6. Letzte Frage

Die letzte Frage dieser Abhandlung geht an Sie, liebe Leserin und lieber Leser. Welche Frage würden Sie im wichtigsten Gespräch stellen? Welche Facetten der Künstlichen Intelligenz und ihrer Herausforderungen sind in diesem Büchlein ausgelassen worden oder zu kurz gekommen? Wo sehen Sie aus Ihrer Erfahrung, Ihrem Sachverstand, Ihrem Interesse oder Ihrer Sensibilität für gesellschaftliche Prozesse noch weitere offene Fragen?

Ich bitte Sie, diese Fragen zu notieren und sie in die Gespräche und Diskussionen einzubringen, die wir alle führen sollten – sei es im Familien- oder Freundeskreis, beim Stammtisch, im Sportverein oder auf der Arbeit. Beginnen wir das wichtigste Gespräch!

Dieser Essay enthält Anhaltspunkte für eine persönliche Positionierung zu dem Thema KI. Versuchen wir, unsere individuellen Standpunkte miteinander ins Gespräch zu bringen, auf dass daraus ein Diskurs werde, der der Wichtigkeit des Themas und dem schwindenden Zeithorizont gerecht wird.

Was heißt Menschsein im KI-Zeitalter?

Literatur und Filme zur Vertiefung

Das nicht gerade schmale Quellenverzeichnis dieses Büchleins vermittelt einen Eindruck davon, wie viele kluge Gedanken zu den hier erörterten Themenfeldern in den vergangenen Jahren aufgeschrieben oder verfilmt worden sind. Wer der Empfehlung des Autors für besonders lesens- und sehenswerte Bücher, Spielfilme, TV-Dokumentationen und TV-Serien folgen mag, findet hier je drei Titel zur Vertiefung:

Bücher
1. Thomas Ramge: Mensch und Maschine, Reclam 2018 (Stand der Forschung, kurz und bündig)
2. Ulrich Eberl: Smarte Maschinen: Wie Künstliche Intelligenz unser Leben verändert, Hanser 2016 (Fokus auf Robotik, enthält – deutlich gekennzeichnet – fiktionale Bestandteile)
3. Max Tegmark: Leben 3.0: Mensch sein im Zeitalter Künstlicher Intelligenz, Ullstein 2017 (Superintelligenz, umfassend technologisch und philosophisch betrachtet)

Filme
1. Transcendence, 2014 (Gehirn-Computer-Schnittstelle, Kontrollproblem)
2. Ex Machina, 2015 (Turing-Test, Anthropomorphismus)
3. Matrix, 1999 (Menschen gegen Übermaschinen)

Dokumentationen

1. Do you trust your Computer? 2018 (Superintelligenz, Autonome Waffen)
2. Slaughterbots, 2017 (Autonome Waffen)
3. All Watched Over by Machines of Loving Grace, 2011 (Veränderung der Gesellschaft durch Computerisierung)

TV-Serien

1. Person of Interest, 2011-2016 (konkurrierende Superintelligenzen, Kontrollproblematik)
2. Westworld, seit 2016 (Roboter mit Bewusstsein, Zielproblematik)
3. Altered Carbon – das Unsterblichkeitsprogramm, 2018 (Gehirn-Computer-Schnittstelle, Uploads)

Quellenverzeichnis

(1)   Friedrich Engels: Die Lage der arbeitenden Klasse in England. Leipzig 1845, Neuauflage dtv 1980

(2)   Michael Spehr: Maschinensturm. Protest und Widerstand gegen technische Neuerungen am Anfang der Industrialisierung. Westfälisches Dampfboot, Münster 2000

(3)   IT-Sicherheitsexperten, die in einer Studie von RadarServices befragt wurden, sehen „große Einsatzbereitschaft" der Technologie für den Bereich IT-Securtiy erst im Jahr 2025. Vgl. Isabell Claus, Claudia Panozzo: Cyberattacken und IT-Sicherheit in 2025. Expertenbefragung 2018, Juni 2018. Online am 28. Februar 2019 unter https://www.radarservices.com/wp-content/uploads/2018/06/RadarServices-Studie-IT-Security-und-Cyberattacken-2025-1.pdf

(4)   Max Tegmark: Leben 3.0. Mensch sein im Zeitalter Künstlicher Intelligenz. London/Berlin 2017

(5)   zitiert in: Christian Polster: Künstliche Intelligenz zu erzeugen ist harte Arbeit. Artikel auf pcwelt.de, September 2018. Online am 28. Februar 2019 unter https://www.pcwelt.de/ratgeber/Kuenstliche-Intelligenz-zu-erzeugen-ist-harte-Arbeit-10451436.html;
zur Definition vgl. auch den Eintrag „Künstliche Intelligenz" im Gabler Wirtschaftslexikon. Online am 28. Februar 2019 unter https://wirtschaftslexikon.gabler.de/definition/kuenstliche-intelligenz-ki-40285

(6)   John McCarthy, Marvin Minsky et al: A Proposal fort he Dartmouth Summer reserach Project on Artificial Intelligence. Digitalisiertes Dokument auf www-formal.stanford.edu, August 1955. Online am 24. März 2019 unter http://www-formal.stanford.edu/jmc/history/dartmouth/dartmouth.html

(7)   Leo Gugerty: Newell and Simon's Logic Theorist: Historical Background and Impact on Cognitive Modeling. In: Human Factors and Ergonomics Society Annual Meeting Proceedings 50(9), Oktober 2006

(8)   Axel Mammitzsch: Künstliche Intelligenz. Axel Mammitzsch 2018

(9)   zitiert in Klaus Manhart: Die schlimmsten IT-Fehler. Die zehn größten IT-Irrtümer und -Fehlprognosen. Artikel auf tecchannel.de, 22. Dezember 2015. Online am 28. Februar 2019 unter https://www.tecchannel.de/a/die-zehn-groessten-it-irrtuemer-und-fehlprognosen,466465,5

(10)   Herbert Simon: The Shape of Automation for Men and Management. New York 1965

(11)   Walter Jäggi: Der Ingenieur, der unser Leben veränderte. Artikel aus dem Tages-Anzeiger, Zürich. Online über das Internetarchiv „Wayback Machine" am 24. März 2019 unter https://web.archive.org/web/20130511054154/http://www.solis.ch/news/news_tagesanzeiger_body.htm

(12)   Heather Knight: Early Artificial Intelligence Projects. A Student Perspective. Dokument auf den Seiten des MIT, August 2006. Online am 1. März 2019 unter https://projects.csail.mit.edu/films/aifilms/AIFilms.html

(13)   John Hutchins. The history of machine translation in a nutshell. Onlinedokument, 2005. Online am 1. März 2019 unter http://www.hutchinsweb.me.uk/Nutshell-2005.pdf

(14)   Anton Nijholt: Computers and Languages: Theory and Practice. Amsterdam 1988

(15)   James Lighthill: Artificial Intelligence. A General Survey. In: Artificial Intelligence: a paper symposium, 1973. Online am 1. März 2019 unter http://www.chilton-computing.org.uk/inf/literature/reports/lighthill_report/p001.htm

(16)   Wikipedia-Eintrag zu Michael James Lighthill. Online am 2. März 2019 unter https://de.wikipedia.org/wiki/Michael_James_Lighthill

(17)   Nils J. Nilsson: Die Suche nach Künstlicher Intelligenz. Eine Geschichte von Ideen und Erfolgen. Akademische Verlagsgesellschaft AKA 2014;
Kevin McKean: Human voice studies. When Cole talks, computers listen. In: Sarasota Journal, April 1980.

(18)   Peter Bright: The 40th birthday of—maybe—the first microprocessor, the Intel 4004. Artikel auf arstechnica.com, November 2011. Online am 2. März 2019 unter https://arstechnica.com/information-technology/2011/11/the-40th-birthday-ofmaybethe-first-microprocessor

(19)   Wikipedia-Eintrag zu IBM System/370 Model 168. Online am 2. März 2019 unter https://en.wikipedia.org/wiki/IBM_System/370_Model_168;
Molly Upton: With recent price changes. Users get more choices for their money. In: Computerworld, Juni 1977;

O.V.: IBM 3300 Data Storage. Artikel in IBM Archives, Datum unbekannt. Online am 2. März 2019 unter https://www-03.ibm.com/ibm/history/exhibits/storage/storage_3330.html

(20)   Anrey Kurenkov: A ‚Brief‘ History of Neural Nets and Deep Learning. The beginning of a story spanning half a century, about how we learned to make computers learn. Online-artikel auf andreykurenkov.com, December 2015. Online am 2. März 2019 unter http://www.andreykurenkov.com/writing/ai/a-brief-history-of-neural-nets-and-deep-learning;

Paul Balzer: [Tutorial] Neuronale Netze einfach erklärt. Onlineartikel auf cbcity.de, März 2016. Online am 2. März 2019 unter http://www.cbcity.de/tutorial-neuronale-netze-einfach-erklaert

(21)   O.V.: Turing-Test. Eintrag in der Encyclopaedia Britannica, Datum unbekannt. Online am 6. März 2019 unter https://www.britannica.com/technology/Turing-test

(22)   Joseph Weizenbaum: Die Macht der Computer und die Ohnmacht der Vernunft. Suhrkamp 1978

(23)   Olivia Solon: Karim the AI delivers psychological support to Syrian refugees. Artikel auf theguardian.com, März 2016. Online am 6. März 2019 unter https://www.theguardian.com/technology/2016/mar/22/karim-the-ai-delivers-psychological-support-to-syrian-refugees

(24)   In der englischen Wikipedia werden die Jahre 1980-1987 als „Boom“ bezeichnet. Siehe O.V.: History of artificial intelligence. Wikipedia-Eintrag. Online am 6. März 2019 unter https://en.wikipedia.org/wiki/History_of_artificial_intelligence#AI_winter;

Ein ZEIT-Artikel bezeichnet die hingegen die Achtzigerjahre gerade als „KI-Winter“. Siehe Christian Honey: Künstliche Intelligenz. Die Suche nach dem Babelfisch. Artikel auf Zeit Online, 23. September 2016. Online am 13. Oktober 2018 unter https://www.zeit.de/digital/internet/2016-08/kuenstliche-intelligenz-geschichte-neuronale-netze-deep-learning/komplettansicht

(25)   Daniel Crevier: The tumultus history of the search for artificial intelligence. New York 1993

(26)   Murray Campbell, A. Joseph Hoane Jr. et al: Deep Blue. Dokument auf sjeng.org, August 2001. Online am 24. März 2019 unter http://sjeng.org/ftp/deepblue.pdf

(27)   O.V.: Kasparov vs. Deep Blue: A contrast in styles. Artikel auf der IBM-Homepage, Mai 2011. Online über das Internetarchiv „Wayback Machine“ am 6. März 2019 unter https://web.archive.org/web/20171130110658/https://www.research.ibm.com/deepblue/meet/html/d.2.html

(28)   O.V.: iWonder. AI: 15 key moments in the story of artificial intelligence. Artikel auf bbc.com, ohne Datum. Online am 6. März 2019 unter https://www.bbc.com/timelines/zq376fr

(29)   Alex Davies: An Oral History of the Darpa Grand Challenge, the Grueling Robot Race That Launched the Self-Driving Car. Artikel auf wired.com, März 2017. Online am 6. März 2019 unter https://www.wired.com/story/darpa-grand-challenge-2004-oral-history

(30)   Keine Erstquelle auffindbar. Zitiert in: Souvik Das:

Google and Cars: A Brief History. Artikel auf digit.in, Oktober 2017. Online am 6. März 2019 unter https://www.digit.in/car-tech/google-and-cars-a-brief-history-37694.html;

Zitiert in: Avery Hartmans: How Google's self-driving car project rose from a crazy idea to a top contender in the race toward a driverless future. Artikel auf businessinsider.de, Oktober 2016. Online am 22. März 2019 unter https://www.businessinsider.de/google-driverless-car-history-photos-2016-10/?r=US&IR=T

(31)   O.V.: IBM Breaks Records to Top U.S. Patent List for 25th Consecutive Year. Pressemitteilung auf ibm.com, Januar 2018. Online am 7. März 2019 unter https://www-03.ibm.com/press/us/en/pressrelease/53581.wss;

Laut der Weltorganisation für geistiges Eigentum hält IBM insgesamt 8.290 KI-Patente, gefolgt von Microsoft mit 5.530. In: O.V.: WIPO-Technology Trends 2019. Artificial Intelligence. Studie auf wipo.int, 2019. Online am 7. März 2019 unter https://www.wipo.int/edocs/pubdocs/en/wipo_pub_1055.pdf

(32)   Dario Amodei und Danny Hernandez: AI and Compute. Blogeintrag auf blog.openai.com, Mai 2018. Online am 7. März 2019 unter https://blog.openai.com/ai-and-compute

(33)   Vgl. Zia Chishti: Artificial intelligence: winter is coming. Kommentar auf ft.com, Oktober 2018. Online am 7. März 2019 unter https://www.ft.com/content/47111fce-d0a4-11e8-9a3c-5d5eac8f1ab4 (Bezahlangebot);

Filip Piekniewski: AI winter is well on its way. Blogeintrag auf blog.piekniewski.info, Mai 2018. Online am 7. März 2019 unter https://blog.piekniewski.info/2018/05/28/ai-winter-is-well-on-its-way

(34)   Adam Gabbatt: IBM computer Watson wins Jeopardy clash. Artikel auf theguardian.com, Februar 2011. Online am 7. März 2019 unter https://www.theguardian.com/technology/2011/feb/17/ibm-computer-watson-wins-jeopardy

(35)   Nora Schröter: IBM Watson. Wissenschaftliche Arbeit an der Universität Heidelberg, Mai 2017. Online am 7. März 2019 unter https://hciweb.iwr.uni-heidelberg.de/system/files/private/downloads/1854735980/schroeter_ibm-watson-report.pdf

(36)   Vgl. Youtube-Video von fabelaTV, Oktober 2011. Online am 7. März 2019 unter https://www.youtube.com/watch?v=prP5O6LgToY;
Andrew Nusca: How voice recognition will change the world. Artikel auf zdnet.com, November 2011. Online am 7. März 2019 unter https://www.zdnet.com/article/how-voice-recognition-will-change-the-world

(37)   Liat Clark: DeepMind's AI is an Atari gaming pro now. Artikel auf wired.co.uk., Februar 2015. Online am 7. März 2019 unter https://www.wired.co.uk/article/google-deepmind-atari;
Shalini Saxena: AI masters 49 Atari 2600 games without instructions. Artikel auf arstechnica.com, Februar 2015. Online am 7. März 2019 unter https://arstechnica.com/science/2015/02/ai-masters-49-atari-2600-games-without-instructions;
Bis heute forscht DeepMind an KI-gesteuerten Computerspielen. Im Januar besiegte „Alphastar" menschliche Profispieler im komplexen Strategiespiel „StarCraft 2". Siehe Daniel Herbig: Starcraft 2: DeepMind-KI schlägt Profi-Spieler. Artikel auf heise.de, Januar 2019. Online am 2. Mai 2019 unter https://www.heise.de/newsticker/meldung/Starcraft-2-DeepMind-KI-schlaegt-Profi-Spieler-4288223.html

(38)   Cis (Redaktionskürzel): Brettspiel-Turnier. Software schlägt Go-Genie mit 4 zu 1. Artikel auf spiegel.de, März 2016. Online am 7. März 2019 unter http://www.spiegel.de/netzwelt/gadgets/alphago-besiegt-lee-sedol-mit-4-zu-1-a-1082388.html

(39)   Harald Bögeholz: Zahlen, bitte! Die (fast) unendliche Tiefe des Go-Spiels. Artikel auf heise.de, März 2016. Online am 7. März 2019 unter https://www.heise.de/newsticker/meldung/Zahlen-bitte-Die-fast-unendliche-Tiefe-des-Go-Spiels-3130017.html

(40)   Michael Gessat: Abgezockt vom Computer. Künstliche Intelligenz schlägt Pokerprofis. Artikel auf deutschlandfunk.de, Februar 2017. Online am 7. März 2019 unter https://www.deutschlandfunk.de/abgezockt-vom-computer-kuenstliche-intelligenz-schlaegt.676.de.html?dram:article_id=378514

(41)   zitiert in Ralf Schmidt: Der Kampf Mensch gegen Maschine: Poker-Profis stellen sich der Herausforderung. Artikel auf onlinecasinosdeutschland.de, Januar 2017. Online am 7. März 2019 unter https://www.onlinecasinosdeutschland.com/news/der-kampf-mensch-gegen-maschine-poker-profis-stellen-sich-der-herausforderung.html

(42)   Johannes Merkert: Künstliche Intelligenz: Poker-KI Libratus kennt kein Deep Learning, ist aber ein Multitalent. Artikel auf heise.de, Februar 2017. Online am 7. März 2019 unter https://www.heise.de/newsticker/meldung/Kuenstliche-Intelligenz-Poker-KI-Libratus-kennt-kein-Deep-Learning-ist-aber-ein-Multitalent-3615068.html

(43)   David Silver, Julian Schrittweiser et al: Mastering the game of Go without human knowledge. In: Nature, Oktober 2017, S. 354ff

(44)   zur Definition siehe O.V.: Narrow AI bzw. Strong AI. In: PC Mag Encyclopedia, Datum unbekannt. Online am 7. März 2019 unter https://www.pcmag.com/encyclopedia/term/70310/narrow-ai bzw. https://www.pcmag.com/encyclopedia/term/69755/strong-ai

(45)   für Grundsätze des Deep Learning vgl. Sebastian Heinz: Deep Learning. Teil 1: Einführung. Artikel auf starworx.com, Oktober 2017. Online am 7. März 2019 unter https://www.statworx.com/de/blog/deep-learning-teil-1-einfuehrung;
Nicola Jones: Deep Learning: Wie Maschinen lernen lernen. Artikel auf spektrum.de, Januar 2014. Online am 22. März 2019 unter https://www.spektrum.de/news/maschinenlernen-deep-learning-macht-kuenstliche-intelligenz-praxistauglich/1220451

(46)   Sehr tiefe Netzwerke kommen beispielsweise in der Bilderkennung zum Einsatz. Vgl. Kaiming He: Deep Residual Networks. Deep Learning Gets Way Deeper. Präsentation auf der ICML (International Conference on Machine Learning), Juni 2016. Online am 18. März 2019 unter https://icml.cc/2016/tutorials/icml2016_tutorial_deep_residual_networks_kaiminghe.pdf;
Jeremy Hsu: Biggest Neural Network Ever Pushes AI Deep Learning. Artikel auf spectrum.ieee.org, Juli 2015. Online am 18. März 2019 unter https://spectrum.ieee.org/tech-talk/computing/software/biggest-neural-network-ever-pushes-ai-deep-learning

(47)   Steven Mithen: Our 86 Billion Neurons: She Showed It. Artikel auf nybooks.com, November 2016. Online am 18. März 2019 unter https://www.nybooks.com/articles/2016/11/24/86-billion-neurons-herculano-houzel

(48)   Alison Gopnik: Die Weisheit der Kinder. Artikel auf sueddeutsche.de, März 2019. Online am 26. März 2019 unter https://www.sueddeutsche.de/kultur/kuenstliche-intelligenz-kinder-lernen-1.4382037 (Bezahlangebot)

(49)   Die Rechnungen zum Energieverbrauch sind geschätzt. Vgl. Jacques Mattheij: Another Way Of Looking At Lee Sedol vs AlphaGo. Blogeintrag auf jacquesmattheij.com, März 2016. Online am 18. März 2019 unter https://jacquesmattheij.com/another-way-of-looking-at-lee-sedol-vs-alphago;

Das Foto von AlphaGos vermeintlichen Servertürmen ist unbestätigt. Siehe Beitrag des Nutzers 35_equal_W auf reddit.com, Mai 2016. Online am 18. März 2019 unter https://i.imgur.com/94Z6KRA.jpg

(50)   Cherlynn Low: What do made-for-AI processors really do? Artikel auf engadget.com, Dezember 2017. Online am 18. März 2019 unter https://www.engadget.com/2017/12/15/ai-processor-cpu-explainer-bionic-neural-npu

(51)   Zitat Dean in: Ulrich Eberl: Smarte Maschinen. Wie Künstliche Intelligenz unser Leben verändert, München 2016;

zu den Pressemitteilungen vgl. Google Produkt Blog (deutsche Version), Archiv 2013-2013 (die englische unter www.blog.google/products besitzt kein Archiv). Online am 18. März 2019 unter https://germany.googleblog.com

(52)   Katie Costello: Gartner Survey Shows 37 Percent of Organizations Have Implemented AI in Some Form. Pressemitteilung auf gartner.com, Januar 2019. Online am 18. März 2019 unter https://www.gartner.com/en/newsroom/press-releases/2019-01-21-gartner-survey-shows-37-percent-of-organizations-have

(53)   zitiert bei Bertrand Meyer: John Mccarthy. Blogeintrag auf cacm.acm.org, Oktober 2011. Online am 18. März 2019 unter https://cacm.acm.org/blogs/blog-cacm/138907-john-mccarthy/fulltext

(54)   Martin Wilhelm: Sprachassistenten: Neue Herausforderung für Datenschutz. Artikel zu einer von GMX in Auftrag gegebenen Convius-Umfrage auf newsroom.gmx.net, Juli 2018. Online am 18. März 2019 unter https://newsroom.gmx.net/2018/07/19/sprachassistenten-neue-herausforderung-fuer-datenschutz

(55)   ebd.

(56)   Christian Sachsinger: Smarte Lautsprecher. Alexa, Google und Siri verwerten Daten. Artikel auf br.de, März 2018. Online am 18. März 2019 unter https://www.br.de/nachricht/alexa-google-siri-verwerten-daten-100.html;

Laura Cwiertnia: Amazon Alexa. Meine unheimliche Mitbewohnerin. In: Die Zeit, 28. März 2018

(57)   Robert McMillan: Siri Will Soon Understand You a Whole Lot Better. Artikel auf wired.com, Juni 2014. Online am 18. März 2019 unter https://www.wired.com/2014/06/siri-ai;

Tweet von Mashable-Redakteurin Karissa Bell, 11. Januar 2017. Online am 18. März 2019 unter https://twitter.com/karissabe/status/819233590575710208;

Allison Linn: Historic Achievement: Microsoft researchers reach human parity in conversational speech recognition. Artikel auf blogs.microsoft.com, Oktober 2016. Online am 18. März 2019 unter https://blogs.microsoft.com/ai/historic-achievement-microsoft-researchers-reach-human-parity-conversational-speech-recognition;

Die Fehlerrate von 5,9 Prozent wurde lt. Microsoft im August 2017 auf 5,1 Prozent gesenkt. Vgl. Xuedong Huang: Microsoft researchers achieve new conversational speech recognition milestone. Artikel auf blog.microsoft.com, August 2017. Online am 18. März 2019 unter https://www.microsoft.com/en-us/research/blog/microsoft-researchers-achieve-new-conversational-speech-recognition-milestone

(58)   Ian McGraw, Rohit Prabhavalkar et al: Personalizes speech recognition on mobile devices. Dokument auf arxiv.org, März 2016. Online am 18. März 2019 unter https://arxiv.org/pdf/1603.03185.pdf

(59)   Kypriani Sinaris: Interview mit Björn Schuller zur MTC 2017.

Deep Learning in mobilen Anwendungen: Labels, Spracherkennung und Co. Interview auf jaxenter.de, Februar 2017. Online am 18. März 2019 unter https://jaxenter.de/deep-learning-in-mobilen-anwendungen-labels-spracherkennung-und-co-53405;

zum Neuronalen Netz hinter Siri vgl. Siri Team: Hey Siri: An On-device DNN-powered Voice Trigger for Apple's Personal Assistant. Artikel auf machinelearning.apple.com, Oktober 2017. Online am 18. März 2019 unter https://machinelearning.apple.com/2017/10/01/hey-siri.html

(60)   Florian Kalenda: Google entwickelt Echtzeit-Spracherkennung ohne Internetverbindung. Artikel auf zdnet.de, März 2016. Online am 18. März 2019 unter https://www.zdnet.de/88263035/google-entwickelt-echtzeit-spracherkennung-ohne-internetverbindung

(61)   Christof Kerkmann: Wenn Computer und Mensch sich ein Rededuell liefern. Artikel auf handelsblatt.com, Juni 2018. Online am 18. März 2019 unter https://www.handelsblatt.com/technik/thespark/ibm-debater-wenn-computer-und-mensch-sich-ein-rededuell-liefern/22719782.html

(62)   O.V.: Can artificial intelligence expand a human mind? Homepage des Projekts „Project Debater" auf research.ibm.com, Datum unbekannt. Online am 18. März 2019 unter http://www.research.ibm.com/artificial-intelligence/project-debater

(63)   fotoboy: Amazon Alexa Gone Wild! (ORIGINAL). Youtube-Video, Dezember 2016. Online am 18. März 2019 unter https://www.youtube.com/watch?time_continue=2&v=r5p0gqCIEa8

(64)   Grace Williams: 6-year-old accidentally orders high-end treats with Amazon's Alexa. Artikel auf foxnews.com, Januar 2017. Online am 18. März 2019 unter https://www.foxnews.com/tech/6-year-old-accidentally-orders-high-end-treats-with-amazons-alexa

(65)   James Rogers: TV news report prompts viewers' Amazon Echo devices to order unwanted dollhouses. Artikel auf foxnews.com, Januar 2017. Online am 18. März 2019 unter https://www.foxnews.com/tech/tv-news-report-prompts-viewers-amazon-echo-devices-to-order-unwanted-dollhouses

(66)   Christian Gollayan: This baby's first word was ‚Alexa'. Artikel auf nypost.com, Juni 2018. Online am 18. März 2019 unter https://nypost.com/2018/06/04/this-babys-first-word-was-alexa

(67)   Mike Prospero, Monika Chin: The Best Products That Work With Amazon Alexa. Artikel auf tomsguide.com, Oktober 2018. Online am 18. März 2019 unter https://www.tomsguide.com/us/pictures-story/880-best-alexa-compatible-devices.html

(68)   Nick Stat: Amazon announces $60 Alexa-powered microwave with a Dash button for popcorn. Artikel auf theverge.com, September 2018. Online am 18. März 2019 unter https://www.theverge.com/2018/9/20/17882140/amazon-basics-microwave-alexa-2018-smart-features-price-release-date

(69)   O.V.: LEGO Duplo Stories. Infos auf lego.com, Datum unbekannt. Online am 18. März 2019 unter https://www.lego.com/en-us/themes/duplo/create-and-connect/alexa-skills;
Sarah – This Mama Life: AMAZON ALEXA LEGO DUPLO STORIES - SO MUCH FUN! | AD. Youtube-Video, August 2018. Online am 18. März 2019 unter https://www.youtube.com/watch?v=zULf22ZT_KM;

(70)   Nick Statt: Google's AI translation system is approaching human-level accuracy. Artikel auf theverge.com, September 2016. Online am 18. März 2019 unter https://www.theverge.com/2016/9/27/13078138/google-translate-ai-machine-learning-gnmt;
Quoc V. Le, Mike Schuster: A Neural Network for Machine Translation, at Production Scale. Blogeintrag auf ai.googleblog.com, September 2016. Online am 18. März 2019 unter https://ai.googleblog.com/2016/09/a-neural-network-for-machine.html

(71)   Aatif Sulleyman: Google's new headphones translate foreign languages in real time. Artikel auf independent.co.uk, Oktober 2017. Online am 18. März 2019 unter https://www.independent.co.uk/life-style/gadgets-and-tech/news/google-translate-pixel-buds-price-release-date-headphones-foreign-languages-a7984551.html

(72)   O.V.: Häufige Fragen. FAQ auf willkommensteamelmshorn.de, Datum unbekannt. Online am 18. März 2019 unter https://willkommensteamelmshorn.wordpress.com/haeufig-gestellte-fragen; Dennis Buchmann: Digitale Tools in der Flüchtlingskrise der Türkei. Artikel auf zusammen-fuer-fluechtlinge.de, Juni 2016. Online am 2618. März 2019 unter https://www.zusammen-fuer-fluechtlinge.de/stories/1;
Moritz Mattes: Zum ersten Mal mit Flüchtlingen Sportangebote gestalten. Artikel auf laureus.de, Dezember 2015. Online am 18. März 2019 unter https://www.laureus.de/zum-ersten-mal-mit-fluchtlingen-sportangebote-gestalten-gedankengange-eines-ubungsleiters

(73)   „Google Fotos", Online im Google Playstore am 18. März 2019 unter https://play.google.com/store/apps/details?id=com.google.android.apps.photos&hl=de;
„Fotos", vorinstalliert auf Geräten mit iOS, Beschreibung online am 18. März 2019 unter https://www.apple.com/de/ios/photos/

(74)   O.V.: Informationen zur fortschrittlichen Technologie von Face ID. Artikel auf support.apple.com, November 2018. Online am 18. März 2019 unter https://support.apple.com/de-de/HT208108

(75)   Michael Zhang: Select Subject is Here: Photoshop Now Has AI-Powered One-Click Selections. Artikel auf petapixel.com, Januar 2018. Online am 18. März 2019 unter https://petapixel.com/2018/01/23/select-subject-photoshop-now-ai-powered-one-click-selections;
Frederic Lardinois: Adobe Lightroom's auto setting is now powered by AI. Artikel auf techcrunch.com, Dezember 2017. Online am 18. März 2019 unter https://techcrunch.com/2017/12/12/adobe-lightrooms-auto-setting-is-now-powered-by-ai/?guccounter=1

(76)   Hayley Tsukayama: Facebook wants your face data — in the name of privacy, it says. Artikel auf washingtonpost.com, Dezember 2017. Online am 18. März 2019 unter

https://www.washingtonpost.com/news/the-switch/wp/2017/12/19/facebook-wants-your-face-data-in-the-name-of-privacy-it-says/?noredirect=on&utm_term=.fec465597If7

(77)   Juan Miguel Pino, Alexander Sidorov et al: Transitioning entirely to neural machine translation. Blogeintrag auf code.fb.com, August 2017. Online am 18. März 2019 unter https://code.fb.com/ml-applications/transitioning-entirely-to-neural-machine-translation

(78)   O.V.: Massaker in Christchurch. Zwei Männer kommen für Verbreitung des Live-Videos vor Gericht. Artikel auf t-online.de, März 2019. Online am 30. April 2019 unter https://www.t-online.de/digital/internet/id_85434132/christchurch-fast-200-facebook-nutzer-sahen-zu-neuseeland-zieht-konsequenzen.html;

zu den ersten Maßnahmen von Facebook siehe O.V.: Nach Christchurch: Facebook verschärft Livestream-Regeln. Artikel auf heise.de, Mai 2019. Online am 16. Mai 2019 unter https://www.heise.de/newsticker/meldung/Nach-Christchurch-Facebook-verschaerft-Livestream-Regeln-4422280.html

(79)   Bree Brouwer, YouTube Now Gets Over 400 Hours Of Content Uploaded Every Minute. Artikel auf tubefilter.com, Juli 2015. Online am 18. März 2019 unter https://www.tubefilter.com/2015/07/26/youtube-400-hours-content-every-minute;

Bernard Marr: How Much Data Do We Create Every Day? The Mind-Blowing Stats Everyone Should Read. Artikel auf forbes.com, Mai 2018. Online am 21. März 2019 unter https://www.forbes.com/sites/bernardmarr/2018/05/21/how-much-data-do-we-create-every-day-the-mind-blowing-stats-everyone-should-read

(80)   Andreas Floemer: RankBrain: Google setzt bei seiner Suche auf Künstliche Intelligenz. Artikel auf t3n.de, Oktober 2015. Online am 18. März 2019 unter https://t3n.de/news/rankbrain-google-suche-kuenstliche-intelligenz-651060/;

David Streit: So funktioniert der Empfehlungsalgorithmus von Netflix. Artikel auf lead-digital.de, März 2019. Online am 20. März 2019 unter https://www.lead-digital.de/so-funktioniert-der-empfehlungsalgorithmus-von-netflix/;

Eric Boam: I Decoded the Spotify Recommendation Algorithm. Here's What I Found. Artikel auf medium.com, Januar 2019. Online am 20. März 2019 unter https://medium.com/@ericboam/i-decoded-the-spotify-recommendation-algorithm-heres-what-i-found-4b0f3654035b

(81)   O.V.: Algorithmus mit Modegeschmack. Artikel auf corporate.zalando.com, Oktober 2018. Online am 20. März 2019 unter https://corporate.zalando.com/de/newsroom/de/storys/algorithmus-mit-modegeschmack

(82)   Robert Tusch: Medienforscher über Roboter-Journalismus: "In der Massenproduktion schneiden Maschinen besser ab als Menschen". Interview auf meedia.de, März 2017. Online am 21. März 2019 unter https://meedia.de/2017/03/20/medienforscher-ueber-roboter-journalismus-in-der-massenproduktion-schneiden-maschinen-besser-ab-als-menschen

(83)   Alexander Fanta: Roboterjournalisten retten die Lokalpresse. Wer rettet uns davor? Artikel auf netzpoltik.org, März 2018. Online am 21. März 2019 unter https://netzpolitik.org/2018/roboterjournalisten-retten-die-lokalpresse-wer-rettet-uns-davor

(84)   Beschreibung auf der Webseite des Herstellers softbankrobotics.com. Online am 21. März 2019 unter https://www.softbankrobotics.com/emea/en/pepper

(85)   Trevor Mogg: Pepper the robot is now working at a bank in New York City. Artikel auf digitaltrends.com, Juni 2018. Online am 21. März 2019 unter https://www.digitaltrends.com/cool-tech/pepper-the-robot-new-york-city-bank;

O.V./dpa: Unternehmen testen Roboter im Kundenkontakt. Artikel auf bo.de, November 2018. Online am 21. März 2019 unter https://www.bo.de/nachrichten/unternehmen-testen-roboter-im-kundenkontakt

(86)   Nora Frei: Pepper, der neue Kollege im Altenheim. Artikel auf uni-siegen.de, August 2017. Online am 21. März 2019 unter https://www.uni-siegen.de/start/news/forschungs-news/779341.html

(87)   O.V.: 1,000 'Pepper' Units Sell Out in a Minute. Pressemitteilung des Herstellers. Zugreifbar am 21. März 2019 im Internet-Archiv „Wayback Machine" unter https://web.archive.org/web/20180901132750/https://www.softbankrobotics.com/emea/en/press/press-releases/1000-pepper-units-sell-out-in-a-minute

(88)   Manuela Lenzen: Künstliche Intelligenz. Was sie kann & was uns erwartet. München 2018

(89)   Ulrich Eberl: Was ist Künstliche Intelligenz – und was kann sie leisten? In: Aus Politik und Zeitgeschichte. 6-8/2018. Bundeszentrale für Politische Bildung, Februar 2018. Online am 21. März 2019 unter http://www.bpb.de/system/files/dokument_pdf/APuZ_2018-06-08_online_0.pdf

(90)   Aussage des Roboters in einem Radiobeitrag für das Magazin „Sein und Streit – das Philosophiemagazin", Deutschlandfunk Kultur, 3. Juni 2018.

(91)   Hayley Williams: Sophia The Robot Has An Impressive Range Of Derp Faces. Artikel auf gizmodo.com.au, Mai 2016. Online am 21. März 2019 unter https://www.gizmodo.com.au/2016/03/sophia-the-robot-has-an-impressive-range-of-derp-faces;
CNBC: Hot Robot At SXSW Says She Wants To Destroy Humans. Youtube-Video, März 2016. Online am 21. März 2019 unter https://www.youtube.com/watch?v=W0_DPi0PmF0

(92)   O.V.: This hot robot says she wants to destroy humans. Video auf cnbc.com, März 2016. Online am 21. März 2019 unter https://www.cnbc.com/video/2016/03/16/this-hot-robot-says-she-wants-to-destroy-humans.html

(93)   O.V: Saudi Arabia Is First Country In The World To Grant A Robot Citizenship. Pressemitteilung des saudi-arabischen „Center for international communication" auf cic.org.sa, Oktober 2017. Online am 21. März 2019 unter https://cic.org.sa/2017/10/saudi-arabia-is-first-country-in-the-world-to-grant-a-robot-citizenship

(94)   Shona Gosh: Facebook's AI boss described Sophia the robot as ‚complete b------t' and ‚Wizard-of-Oz AI'. Artikel auf businessinsider.com, Januar 2018. Online am 21. März 2019 unter https://www.businessinsider.de/facebook-ai-yann-lecun-sophia-robot-bullshit-2018-1?r=US&IR=T

(95)   Paul Miles: New 'emotion-driven' robot hoping to become part of the family. Artikel auf metro.news, September 2017. Online am 21. März 2019 unter https://www.metro.news/new-emotion-driven-robot-hoping-to-become-part-of-the-family/743670

(96)   Richard Evans, Jim Gao: DeepMind AI Reduces Google Data Centre Cooling Bill by 40%. Blogeintrag auf deepmind.com, März 2017. Online am 21. März 2019 unter https://deepmind.com/blog/deepmind-ai-reduces-google-data-centre-cooling-bill-40

(97)   Amanda Gasparik, Chris Gamble et al: Safety-first AI for autonomous data centre cooling and industrial control. Blogeintrag auf deepmind.com, August 2018. Online am 21. März 2019 unter https://deepmind.com/blog/safety-first-ai-autonomous-data-centre-cooling-and-industrial-control

(98)   Madhumita Murgia, Nathalie Thomas: DeepMind and National Grid in AI talks to balance energy supply. Artikel auf ft.com, März 2017. Online am 21. März 2019 unter https://www.ft.com/content/27c8aea0-06a9-11e7-97d1-5e720a26771b;
Sam Shead: Google DeepMind's Talks With National Grid Are Over. Artikel auf forbes.com, März 2019. Online am 25 März 2019 unter https://www.forbes.com/sites/samshead/2019/03/06/google-deepminds-talks-with-national-grid-are-over

(99)   Philipp Vetter: Audi schafft das Fließband ab. Artikel auf welt.de, November 2016. Online am 21. März 2019 unter https://www.welt.de/wirtschaft/article159622953/Audi-schafft-das-Fliessband-ab.html

(100)   Uwe Jean Heuser, Caterina Lobenstein et al: Zukunft der Arbeit: Was machen wir morgen? Artikel in Die Zeit 18/2018. Online am 21. März 2019 unter https://www.zeit.de/2018/18/zukunft-arbeit-kuenstliche-intelligenz-herausforderungen/komplettansicht

(101)   Susanna Ray: Ros Harvey und The Yield schaffen mit Microsoft-Technologie eine nachhaltige Landwirtschaft. Artikel auf news.microsoft.com, September 2018. Online am 21. März 2019 unter https://news.microsoft.com/de-de/features/ros-harvey-the-yield-microsoft-technologie-nachhaltige-landwirtschaft

(102)   O.V.: Japanese insurance firm replaces 34 staff with AI. Artikel auf bbc.com, Januar 2017. Online am 21. März 2019 unter https://www.bbc.com/news/world-asia-38521403

(103)   O.V.: Cognitive Computing. Watson Health: Get the Facts. Blogeintrag auf ibm.com, Oktober 2018. Online am 21. März 2019 unter https://www.ibm.com/blogs/watson-health/watson-health-get-facts

(104)   Jay Tuck: Künstliche Intelligenz in der Medizin. Artikel auf pcwelt.de, Mai 2017. Online am 21. März 2019 unter https://www.pcwelt.de/a/kuenstliche-intelligenz-im-weissen-kittel,3387296

(105)   Tomoko Otake: IBM big data used for rapid diagnosis of rare leukemia case in Japan. Artikel auf japantimes.co.jp, August 2016. Online am 21. März 2019 unter https://www.japantimes.co.jp/news/2016/08/11/national/science-health/ibm-big-data-used-for-rapid-diagnosis-of-rare-leukemia-case-in-japan

(106)   Casey Ross: IBM's Watson supercomputer recommended 'unsafe and incorrect' cancer treatments, internal documents show. Artikel auf statnews.com, Juli 2018. Online am 21. März 2019 unter https://www.statnews.com/2018/07/25/ibm-watson-recommended-unsafe-incorrect-treatments

(107)   Martin U. Müller: Supercomputer in der Medizin. Dr. Watson versagt. In: Der Spiegel, Ausgabe 32/2018.

(108)   Michael Tanenbaum: Jefferson plans ‚smart hospital rooms' powered by IBM Watson. Artikel auf phillyvoice.com, Oktober 2016. Online am 21. März 2019 unter https://www.phillyvoice.com/jefferson-plans-cognitive-hospital-rooms-powered-ibm-watson;

O.V.: Thomas Jefferson University Hospital: smart hospital rooms improve quality of patient care. Imagevideo auf mediacenter.ibm.com, Oktober 2018. Online am 21. März 2019 unter https://mediacenter.ibm.com/media/t/1_u9lyemyo

(109)   O.V.: Precision Medicine 2017: Breakaway Business Models. Videomitschnitt einer Rede von Shirley Pepke an der Harvard Medical School, Juli 2017. Online am 21. März 2019 unter http://dbmi.hms.harvard.edu/events/video-library/pm17-keynote-shirley-pepke

(110)   Yiming Ding, Jae Ho Sohn et al: A Deep Learning Model to Predict a Diagnosis of Alzheimer Disease by Using 18F-FDG PET of the Brain. Studie auf pubs.rsna.org, November 2018. Online am 23. März 2019 unter https://pubs.rsna.org/doi/abs/10.1148/radiol.2018180958?journalCode=radiology;

Ein im italienischen Bari entwickelter Algorithmus wird ebenfalls in er Alzheimer-Früherkennung eingesetzt. Durch den Vergleich von MRT-Hirnscans soll das System in der Lage sein, eine beginnende Alzheimer-Erkrankung sogar zehn Jahre vor dem ersten Auftreten von Symptomen festzustellen. Siehe: Anil Ananthaswamy: AI spots Alzheimer's brain changes years before symptoms emerge. Artikel auf newscientist.com, September 2017. Online am 21. März 2019 unter https://www.newscientist.com/article/2147472-ai-spots-alzheimers-brain-changes-years-before-symptoms-emerge

(111)   Ken J. Kubota, Jason A. Chen et al: Machine learning for large-scale wearable sensor data in Parkinson disease: concepts, promises, pitfalls, and futures. Doument auf research.aston.ac.uk, September 2016. Online am 24. März 2019 unter https://research.aston.ac.uk/portal/en/researchoutput/machine-learning-for-largescale-wearable-sensor-data-in-parkinson-disease(33d42274-e04e-46e6-afc1-c4e6cd83f0e7).html

(112)   Titus J. Brinker, Achim Hekler et al: Deep learning outperformed 136 of 157 dermatologists in a head-to-head dermoscopic melanoma image classification task. Artikel im European Journal of Cancer Vol. 113, Mai 2019. Online am 6. Mai 2019 unter https://www.sciencedirect.com/science/article/pii/S0959804919302217

(113)   Nic Fleming: How artificial intelligence is changing drug discovery. Artikel auf nature.com, Mai 2018. Online am 21. März 2019 unter https://www.nature.com/articles/d41586-018-05267-x

(114)   O.V.: „Project CIMON" – KI Training. Videobeitrag auf ibm.com, Juni 2018. Online am 21. März 2019 unter https://www.ibm.com/de-de/blogs/think/2018/06/06/projekt-cimon;

Sarah Scoles: The Floating Robot With an IBM Brain Is Headed to Space. Artikel auf wired.com, Juni 2018. Online am 21. März 2019 unter https://www.wired.com/story/the-floating-robot-with-an-ibm-brain-is-headed-to-space;

George Dvorsky: The International Space Station's New AI-Powered Bot Is Actually Pretty Cool. Artikel auf gizmodo.com, 21. März 2019 unter https://gizmodo.com/the-international-space-station-s-new-ai-powered-bot-is-1827233692

(115)   Neal Jean, Marshall Burke et al: Combining satellite imagery and machine learning to predict poverty. In: Science Vol. 353, August 2016. Online am 21. März 2019 unter http://science.sciencemag.org/content/353/6301/790

(116)   O.V.: Blurring the Lines Between Art, Technology and Emotion.

The Next Rembrandt, Artikel auf microsoft.com, Datum unbekannt. Online am 21. März 2019 unter https://news.microsoft.com/europe/features/next-rembrandt;

Madita Tietgen: 3-D-Drucker erschafft ein neues Rembrandt-Gemälde. Artikel auf welt.de, April 2016. Online am 21. März 2019 unter https://www.welt.de/kultur/kunst-und-architektur/article154421365/3-D-Drucker-erschafft-ein-neues-Rembrandt-Gemaelde.html

(117)   Holger Volland: Die kreative Macht der Maschinen. Weinheim 2018

(118)   O.V: Meet Pierre Barreau, the expert behind the algorithm that creates music with Artificial Intelligence (AI). Interview auf stayrelevant.globant.com, Februar 2018. Online am 21. März 2019 unter https://stayrelevant.globant.com/en/meet-pierre-barreau-expert-behind-algorithm-creates-music-artificial-intelligence-ai/;

AIVA: AIVA - „Letz make it happen", Op. 23. Youtube-Video, Juni 2017. Online am 21. März 2019 unter https://www.youtube.com/watch?v=H6Z2n7BhMPY;

Marco Meng: Der selbstlernende Algorithmus AIVA komponiert Musik. Interview auf journal.lu, August 2017. Online am 21. März 2019 unter http://www.journal.lu/top-navigation/article/so-klingt-kuenstliche-intelligenz;

O.V.: Musik für Nationalfeiertag sorgt für Ärger. Artikel auf lessentiel.lu, Mai 2017. Online am 21. März 2019 unter http://www.lessentiel.lu/de/luxemburg/story/musik-fur-national-feiertag-sorgt-fur-arger-24802111

(119)   Shannon Liao: This Harry Potter AI-generated fanfiction is remarkably good. Artikel auf theverge.com, Dezember 2017. Online am 22. März 2019 unter https://www.theverge.com/2017/12/12/16768582/harry-potter-ai-fanfiction;

Botnik Studios: The handsome one. Kapitel aus „Harry „Harry Potter and the Portrait of What Looked Like a Large Pile of Ash", 2017. Online am 22. März 2019 unter https://botnik.org/content/harry-potter.html

(120)   Jey Han Lau, Trevor Cohn et al: Deep-speare: A joint neural model of poetic language, meter and rhyme. In: Search Proceedings of the 56th Annual Meeting of the Association for Computational Linguistics (Volume 1: Long Papers), Juli 2018. Online am 22. März 2019 unter http://aclweb.org/anthology/P18-1181;

Mark Prigg: Can YOU spot the real Shakespearean sonnet? The AI learning how write its own poetry. Artikel auf dailymail.co.uk Juli 2018. Online am 22. März 2019 unter https://www.dailymail.co.uk/sciencetech/article-6000619/Can-spot-real-Shakespeare-sonnet-AI-le-arns-write-poetry.html

(121)   BuzzFeedVideo: You Won't Believe What Obama Says In This Video! Youtube-Video, April 2018. Online am 22. März 2019 unter https://www.youtube.com/watch?v=cQ54GDmieLo

(122)   Lyrebird: Politicians discussing about Lyrebird. Audioclip auf soundcloud.com, April 2017. Online am 22. März 2019 unter https://soundcloud.com/user-535691776/dialog

(123)   lyrebird.ai, abgerufen am 5. Mai 2019

(124)   Samantha Cole: Diese KI braucht nur eine 3,7 Sekunden lange Aufnahme – dann klont sie eure Stimme. Artikel auf motherboard.vice.com, März 2018. Online am 22. März 2019 unter https://motherboard.vice.com/de/article/3k7mgn/diese-ki-braucht-nur-eine-37-sekunden-lange-aufnahme-dann-klont-sie-eure-stimme;

Homepage des Projekts „Deep Voice 3 Pytorch". Online am 22. März 2019 unter https://r9y9.github.io/deepvoice3_pytorch

(125)   Icepeak AI: Trump-Kim Summit: Kim's English voice. Youtube-Video, Juni 2018. Online am 25. März 2019 unter https://www.youtube.com/watch?v=YF1iXrxwcLA;

Icepeak AI: Donald Trump speaks Korean to meet North Korean Leader. Youtube-Video, April 2018. Online am 25. März 2019 unter https://youtu.be/kKoWHyOrHbw

What if Kim Jong Un reads his note to Trump? Video auf youtube.com, Juli 2018. Online am 22. März 2019 unter https://youtu.be/SHae9ByJmW8

(126)   Die Marktanalyse-Firma Markets and Markets rechnet bis 2022 mit einem Umsatz von 3 Mrd. Dollar in der Sprachsynthese. 2016 waren es nur 1,6 Mrd. In: O.V.: Text-to-Speech Market by Vertical (Healthcare, Enterprise, Consumer Electronics, Automotive & Transportation, Finance, Education, Retail), and Geography(Americas, Europe, Asia Pacific) - Global Forecast to 2022. Report auf marketsandmarkets.com, Mai 2017. Online am 22. März 2019 unter https://www.marketsandmarkets.com/Market-Reports/text-to-speech-market-2434298.html

(127)   Yuezun Li, Ming-Ching Chang et al: In Ictu Oculi: Exposing AI Generated Fake Face Videos by Detecting Eye Blinking. Dokument auf arxiv.org, Juni 2018. Online am 22. März 2019 unter https://arxiv.org/pdf/1806.02877.pdf

(128)   Donie O'Sullivan: When seeing is no longer believing.

Inside the Pentagon's race against deepfake videos. Onlinereportage auf edition.cnn.com, Januar 2019. Online am 22. März 2019 unter https://edition.cnn.com/interactive/2019/01/business/pentagons-race-against-deepfakes/

(129)   Joshua Rothman: In the Age of A.I., Is Seeing Still Believing? Artikel auf newyorker.com, November 2018. Online am 22. März 2019 unter https://www.newyorker.com/magazine/2018/11/12/in-the-age-of-ai-is-seeing-still-believing

(130)   Auch einige US-Abgeordnete sehen Deep Fakes als mögliche nationale Bedrohung und fordern in einem Brief an Chef der US-Nachrichtendienste, Dan Coats, Aufklärung. Vgl.: Adam B. Schiff, Stephanie Murphy et al: Brief an Daniel R. Coats, September 2018. Online am 22. März 2019 unter https://schiff.house.gov/imo/media/doc/2018-09 ODNI Deep Fakes letter.pdf

(131)   Charlie Warzel: He Predicted The 2016 Fake News Crisis. Now He's Worried About An Information Apocalypse. Artikel auf buzzfeedtechnews.com, Februar 2018. Online am 22. März 2019 unter https://www.buzzfeednews.com/article/charliewarzel/the-terrifying-future-of-fake-news;

Quentin Lichtblau: „Man kann Menschen alles unterjubeln, so lange es ihr Weltbild bestätigt". Interview auf jetzt.de, Mai 2018. Online am 22. März 2019 unter https://www.jetzt.de/digital/aviv-ovadya-warnt-vor-der-infokalypse

(132) Alec Radford, Jeffrey Wu et al: Better Language Models and Their Implications. Blogartiel auf blog.openai.com, Februar 2019. Online am 24. März unter https://openai.com/blog/better-language-models/

(133) Tero Karras, Samuli Laine et al: A Style-Based Generator Architecture for Generative Adversarial Networks. Dokument auf arxiv.org, Februar 2019. Online am 22. März 2019 unter https://arxiv.org/pdf/1812.04948.pdf;

Webseite des Projekts. Online am 22. März 2019 unter https://thispersondoesnotexist.com

(134) Friedhelm Greis: Pilotprojekt am Südkreuz: De Maizière plant breiten Einsatz von Gesichtserkennung. Artikel auf golem.de, Dezember 2017. Online am 22. März 2019 unter https://www.golem.de/news/pilotprojekt-am-suedkreuz-de-maiziere-plant-breiten-einsatz-von-gesichtserkennung-1712-131704.html

Eleonore Petermann: Projekt zur Gesichtserkennung erfolgreich.

Testergebnisse veröffentlicht - Systeme haben sich bewährt. Pressemitteilung auf bundespolizei.de, Oktober 2018. Online am 22. März 2019 unter https://www.bundespolizei.de/Web/DE/04Aktuelles/01Meldungen/2018/10/181011_abschlussbericht_gesichtserkennung_pm_down.pdf?__blob=publicationFile&v=1

(135) O.V.: Endstation – Bilder vom Protest am Bahnhof Berlin Südkreuz. Blogeintrag auf digitalcourage.de, November 2018. Online am 22. März 2019 unter https://digitalcourage.de/blog/2017/endstation-protest-suedkreuz;

Artikelsammlung auf netzpolitik.org. Online am 22. März 2019 unter https://netzpolitik.org/tag/suedkreuz/

(136) Meredith Whittaker, Kate Crawford et al: AI Now Report 2018, Dezember 2018. Online am 22. März 2019 unter https://ainowinstitute.org/AI_Now_2018_Report.pdf

(137) Antrag von Aaron Peskin im Stadtrat, Januar 2019. Online am 22. März 2019 unter https://cdn.vox-cdn.com/uploads/chorus_asset/file/13723917/ORD__Acquisition_of_Surveillance_Technology.pdf

(138) Kent Walker: Google in Asia. AI for Social Good in Asia Pacific. Blogeintrag auf blog.google, Dezember 2018. Online am 22. März 2019 unter https://www.blog.google/around-the-globe/google-asia/ai-social-good-asia-pacific/amp

(139) Brad Smith: Facial recognition technology: The need for public regulation and corporate responsibility. Blogeintrag auf blogs.microsoft.com, Juli 2018. Online am 22. März 2019 unter https://blogs.microsoft.com/on-the-issues/2018/07/13/facial-recognition-technology-the-need-for-public-regulation-and-corporate-responsibility

(140) Alexander Fanta: Gesichtserkennung von Amazon verwechselte US-Abgeordnete mit Verdächtigen. Artikel auf netzpolitik.org, Juli 2018. Online am 26. März 2019 unter https://netzpolitik.org/2018/gesichtserkennung-von-amazon-verwechselte-us-abgeordnete-mit-verdaechtigen

(141) Kaveh Waddell: Amazon under scrutiny for marketing to ICE. Artikel auf axios.com, Oktober 2018. Online am 22. März 2019 unter https://www.axios.com/amazon-ice-immigration-1540398971-7449074c-e566-4e3c-aca6-7467b5b67af9.html;

Ryan Suppe: Orlando police decide to keep testing controversial Amazon facial recognition program. Artikel auf eu.usatoday.com, Juli 2019. Online am 22. März 2019 unter https://eu.usatoday.com/story/tech/2018/07/09/orlando-police-decide-keep-testing-amazon-facial-recognition-program/768507002/;

Jacob Snow: Amazon's Face Recognition Falsely Matched 28 Members of Congress With Mugshots. Artikel auf aclu.org, Juli 2018. Online am 22. März 2019 unter https://www.aclu.org/blog/privacy-technology/surveillance-technologies/amazons-face-recognition-falsely-matched-28;

Trevor Timm: 'Shock, Anger, Disappointment': An Amazon Employee Speaks Out. Artikel auf medium.com, Oktober 2018. Online am 22. März 2019 unter https://medium.com/s/oversight/shock-anger-disappointment-an-amazon-employee-speaks-out-88d927792950?stream=future

(142) Cade Metz: The Rise of the Artificially Intelligent Hedge Fund. Artikel auf wired.com, Januar 2016. Online am 22. März 2019 unter https://www.wired.com/2016/01/the-rise-of-the-artificially-intelligent-hedge-fund

(143) O.V.: KI und Machine Learning in der Finanzanalyse. Meldung auf veranstaltungen.handelsblatt.de, 2018. Online am 22. März 2019 unter https://veranstaltungen.handelsblatt.com/bankentechnologie/ki-machine-learning-finanzanalyse;

Sabine Hockling: Manche Namen senken Scorewert für Kreditwürdigkeit. Artikel auf welt.de, März 2013. Online am 22. März 2019 unter https://www.welt.de/finanzen/verbraucher/article114709366/Manche-Namen-senken-Scorewert-fuer-Kreditwuerdigkeit.html;

Peter Welchering: Gefahr: Social Scoring. Radiobeitrag auf www.swr2.de, Oktober 2018. Online am 22. März 2019 unter https://www.swr.de/swr2/wissen/neue-regel-fuer-verbraucher-scoring/-/id=661224/did=22664462/nid=661224/skts45/index.html

(144)   Anne Kunz: Warum bestimmte Autofahrer schuldlos hohe Prämien zahlen. Artikel auf welt.de, November 2017. Online am 3. Dezember 2018 unter https://www.welt.de/finanzen/article170652310/Warum-bestimmte-Autofahrer-schuldlos-hohe-Praemien-zahlen.html;

Peter Welchering 2018, a.a.O.;Arne Düsterhöft, Eric Brandmayer: Telematik bei Autoversicherungen. Ein umsichtiger Fahrstil spart Geld bei der Kfz-Versicherung. Artikel auf finanztip.de, November 2018. Online am 22. März 2019 unter https://www.finanztip.de/kfz-versicherung/telematik-tarif

(145)   O.V./dpa: Der vollautomatische Kfz-Sachverständige. Artikel auf faz.net, Januar 2018. Online am 22. März 2019 unter http://www.faz.net/aktuell/finanzen/meine-finanzen/versichern-und-schuetzen/kuenstliche-intelligenz-in-der-kfz-versicherung-eine-revolution-15374987.html

(146)   O.V.: Rekrutierung beim Versicherungskonzern Talanx. Wo Roboter Manager testen. Artikel auf tagesspiegel.de, April 2018. Online am 22. März 2019 unter https://www.tagesspiegel.de/politik/rekrutierung-beim-versicherungskonzern-talanx-wo-roboter-manager-testen/21147540.html;

Lazar Backovic: Robo-Recruiting – 5 wichtige Fragen verständlich beantwortet. Artikel auf handelsblatt.com, Mai 2018. Online am 22. März 2019 unter https://www.handelsblatt.com/unternehmen/beruf-und-buero/the_shift/kuenstliche-intelligenz-robo-recruiting-5-wichtige-fragen-verstaendlich-beantwortet/22597666.html

(147)   Lukas Klingholz, Andreas Streim: Lieber Künstliche Intelligenz als menschliche Dummheit? Pressemitteilung auf bitkom.org, Januar 2018. Am 22. März 2019 online unter https://www.bitkom.org/Presse/Presseinformation/Lieber-Kuenstliche-Intelligenz-als-menschliche-Dummheit.html;

Christoph Krösmann, Teresa Ritter: Große Mehrheit für Künstliche Intelligenz in der Polizeiarbeit. Pressemitteilung auf bitkom.org, Februar 2018. Online am 22. März 2019 unter https://www.bitkom.org/Presse/Presseinformation/Grosse-Mehrheit-fuer-Kuenstliche-Intelligenz-in-der-Polizeiarbeit.html

(148)   Chinese State Council:

China's New Generation of Artificial Intelligence Development Plan. Übersetzung des offiziellen Dokumentes des chinesischen Staatsrates, Juli 2017. Online am 22. März 2019 unter https://flia.org/notice-state-council-issuing-new-generation-artificial-intelligence-development-plan/

(149)   Ben Tracy 2019, a.a.O.: China's social credit score bans some from travel. Youtube-Video von CBS This Morning, 24. April 2018. Online am 22. März 2019 unter https://www.youtube.com/watch?v=xuqbx8tyW1Y

(150)   Axel Dorloff: Künstliche Intelligenz als Staatsziel. Beitrag im Deutschlandfunk, Februar 2019. Online am 22. März 2019 unter https://www.deutschlandfunk.de/china-kuenstliche-intelligenz-als-staatsziel.724.de.html?dram:article_id=440743

(151)   ebd.

(152)   Felix Lee: Social Scoring in China. Im Reich der überwachten Schritte. Artikel auf taz.de, Februar 2018. Online am 22. März 2019 unter http://www.taz.de/!5480926;

Kerstin Klein: Bericht über Social Scoring. Youtube-Video der ARD Tagesthemen, 24. Juli 2018; hochgeladen von Lucel Iphring, 22. August 2019. Online am 22. März 2019 auf https://www.youtube.com/watch?v=K8jsfgEqA94;

ABC News (Australia): Exposing China's Digital Dystopian Dictatorship. Youtube-Video von ABC Australia „Foreign Correspondent", 18. September 2018. Online am 4. Dezember 2018 unter https://www.youtube.com/watch?v=eViswN602_k;

Ben Tracy 2019, a.a.O.

(153)   Ralph Appel, Kurt Bettenhausen: Pressekonferenz „Künstliche Intelligenz - Angst vor dem Kontrollverlust?", Präsentation im Rahmen der Hannover Messe, März 2017. Online am 22. März 2019 unter https://m.vdi.de/fileadmin/user_upload/VDI-PK_Hannover-Messe_Praesentation-Umfrage.pdf

(154)   Cyberattacken und IT-Sicherheit in 2025. Studie auf radarservices.com, Juni 2018. Online am 22. März 2019 unter https://www.radarservices.com/wp-content/uploads/2018/06/RadarServices-Studie-IT-Security-und-Cyberattacken-2025-1.pdf

(155)   zitiert in: O.V.: Pegasystems-Studie: Verbraucher trauen Künstlicher Intelligenz eine Verbesserung ihres Alltags zu. Pressemitteilung auf brandmacher.de, April 2017. Online am 22. März 2019 unter https://www.brandmacher.de/presse/pegasystems-studie-verbraucher-trauen-k%C3%BCnstlicher-intelligenz-eine-verbesserung-ihres-alltags

(156)   O.V.: Künstliche Intelligenz: Größeres Potenzial als die Dampfmaschine. Pressemitteilung auf mckinsey.de, September 2018. Online am 22. März 2019 unter https://www.mckinsey.de/~/media/mckinsey/locations/europe%20and%20middle%20east/deutschland/news/presse/2018/2018-09-05%20-%20mgi%20ai-studie%20dampfmaschine/180905_pm_mckinsey_ai_2.ashx

(157)   Dana Heide: Bundesregierung will Milliarden in KI investieren und den USA und China zuvorkommen. Artikel auf handelsblatt.com, November 2018. Online am 1. Mai 2019 unter https://www.handelsblatt.com/politik/deutschland/digitalisierung-bundesregierung-will-milliarden-in-ki-investieren-und-den-usa-und-china-zuvorkommen/23626960.html;

Im März 2019 wurde bekannt, dass von den 3 Mrd. Euro nur 500 Mio. Euro „frisches Geld" in die KI-Vorhaben fließen sollten; der Rest käme Umschichtungen. Siehe dazu: Barbara Gillmann, Frank Specht et al: GroKo ohne Plan: Die KI-Strategie der Regierung wird zur „Luftnummer". Artikel auf handelsblatt.com, März 2019. Online am 20. März 2019 unter https://www.handelsblatt.com/politik/deutschland/digitalisierung-groko-ohne-plan-die-ki-strategie-der-regierung-wird-zur-luftnummer/24110298.html?ticket=ST-1341455-SOFRQmW-foambHxkegyf7-ap1 (Bezahlangebot);

Mallory Locklear: Pentagon pledges $2 billion for AI research. Artikel auf engadget.com, Juli 2018. Online am 22. März 2019 unter https://www.engadget.com/2018/09/07/pentagon-pledges-2-billion-ai-research

(158)   Ralf Peter Reimann: In einer #VoiceFirst-Welt sprechen lernen. Blogeintrag auf theonet.de, November 2018. Online am 22. März 2019 unter https://theonet.de/2018/11/05/in-einer-voicefirst-welt-sprechen-lernen-onward18/#more-5441;

vgl. den Twitterfeed der VOICE-Konferenz im Juli 2018. Online am 22. März 2019 unter https://twitter.com/voicesummitai?lang=de

(159)   O.V.: Activate Tech & Media Outlook 2018. Präsentation auf de.slideshare.net, Oktober 2017. Online am 22. März 2019 unter https://de.slideshare.net/ActivateInc/activate-tech-media-outlook-2018

(160)   Studie der britischen Unternehmensberatung Ovum. In: Ronan De Renesse: Virtual digital assistants to overtake world population by 2021. Artikel auf ovum.informa.com, Mai 2017. Online am 22. März 2019 unter https://ovum.informa.com/resources/product-content/virtual-digital-assistants-to-overtake-world-population-by-2021

(161)   vgl. Rebecca Sentance: The future of voice search: 2020 and beyond. Artikel auf econsultancy.com, Juli 2018. Online am 22. März 2019 unter https://econsultancy.com/the-future-of-voice-search-2020-and-beyond

(162)   Xufeng 02: Google Duplex Demo (Google I/O 2018). Youtube-Video, Mai 2018. Online am 22. März 2019 unter https://www.youtube.com/watch?v=bd1mEm2Fyo8

(163)   Yaniv Leviathan, Yossi Matias:

Google Duplex: An AI System for Accomplishing Real-World Tasks Over the Phone. Blogeintrag auf ai.googleblog.com, Mai 2018. Online am 22. März 2019 unter https://ai.googleblog.com/2018/05/duplex-ai-system-for-natural-conversation.html

(164)   Tweet von Zeynep Tufekci, 9. Mai 2018. Online am 22. März 2019 unter https://twitter.com/zeynep/status/994233568359575552

(165)   Nick Statt: Google now says controversial AI voice calling system will identify itself to humans. Artikel auf theverge.com, Mai 2018. Online am 22. März 2019 unter https://www.theverge.com/2018/5/10/17342414/google-duplex-ai-assistant-voice-calling-identify-itself-update

(166)   O.V.: Hardware für autonomes Fahren

in allen Fahrzeugen. Seite zum „Autopilot" auf tesla.com, Datum unbekannt. Online am 19. November 2018 unter https://www.tesla.com/de_DE/autopilot;

O.V.: Alle ab sofort produzierten Tesla-Fahrzeuge besitzen die Hardware für vollständig autonomes Fahren. Artikel auf teslamag.de, Oktober 2016. Online am 22. März 2019 unter https://teslamag.de/news/alle-tesla-fahrzeuge-hardware-fahren-9986

(167)   Suhasini Gadam: Artificial Intelligence and Autonomous Vehicles. Artikel auf medium.com, April 2018. Online am 22. März 2019 unter https://medium.com/datadriveninvestor/artificial-intelligence-and-autonomous-vehicles-ae877feb6cd2

(168)   O.V.: Nvidia Drive PX. Seite auf nvidia.com, Datum unbekannt. Online am 22. März 2019 unter https://www.nvidia.com/en-au/self-driving-cars/drive-px;

Nico Ernst: 500-Watt-Board für autonome Taxis. Artikel auf golem.de, Oktober 2017. Online am 22. März 2019 unter https://www.golem.de/news/nvidia-drive-px-pegasus-500-watt-board-fuer-autonome-taxis-1710-130556.html

(169)   O.V.: Der neue Audi A8 – hochautomatisiertes Fahren auf Level 3. Pressemitteilung auf audi-mediacenter.de, September 2017. Online am 22. März 2019 unter https://www.audi-mediacenter.com/de/per-autopilot-richtung-zukunft-die-audi-vision-vom-autonomen-fahren-9305/der-neue-audi-a8-hochautomatisiertes-fahren-auf-level-3-9307

(170)   Fred Lambert: Watch Tesla's new Autopilot on 'Mad Max' mode at work. Artikel auf electrek.com, Oktober 2018. Online am 22. März 2019 unter https://electrek.co/2018/10/01/tesla-autopilot-new-mad-max-mode-video

(171)   hau (Redaktionskürzel): Straßenverkehrsgesetz für automatisiertes Fahren geändert. Artikel auf bundestag.de, März 2018. Online am 22. März 2019 unter https://www.bundestag.de/dokumente/textarchiv/2017/kw13-de-automatisiertes-fahren/499928

Für einen Überblick über die Länder/Bundesstaaten, die eine Freigabe für autonomes Fahren erteilt haben siehe Tony Peng und Michael Sarazen: Global Survey of Autonomous Vehicle Regulations. Artikel auf medium.com, März 2018. Online am 22. März 2019 unter https://medium.com/syncedreview/global-survey-of-autonomous-vehicle-regulations-6b8608f205f9

(172)   Lulu Chang: By 2021, you could be sleeping behind the wheel of an autonomous Volvo XC90. Artikel auf digitaltrends.com, Juni 2018. Online am 22. März 2019 unter https://www.digitaltrends.com/cars/volvo-xc-90-level-4-autonomy;

Tim Pollard: What are autonomous car levels? Levels 1 to 5 of driverless vehicle tech explained. Artikel auf carmagazine.co.uk, März 2018. Online am 22. März 2019 unter https://www.carmagazine.co.uk/car-news/tech/autonomous-car-levels-different-driverless-technology-levels-explained

(173)   Wikipedia-Eintrag zur Norm SAE J3016. Online am 18. März 2019 unter https://de.wikipedia.org/wiki/SAE_J3016

(174)   Fred Lambert: Elon Musk updates timeline for a self-driving car, but how does Tesla play into it? Artikel auf electrek.co, Dezember 2017. Online am 22. März 2019 unter https://electrek.co/2017/12/08/elon-musk-tesla-self-driving-timeline

(175)   John Walker: The Self-Driving Car Timeline – Predictions from the Top 11 Global Automakers. Artikel auf techemerge.com Oktober 2018. Online am 22. März 2019 unter https://www.techemergence.com/self-driving-car-timeline-themselves-top-11-automakers

(176)   Sven Altenburg, Hans Paul Kienzler et al: Einführung von

Automatisierungsfunktionen in der Pkw-Flotte. Auswirkungen auf Bestand und Sicherheit. Studie des Prognos-Instituts im Auftrag des ADAC, August 2018. Online am 22. März 2019 unter https://www.adac.de/-/media/pdf/motorwelt/prognos_automatisierungsfunktionen.pdf

(177)   Tom Simonite: Musk Says Tesla Is Building Its Own Chip for Autopilot. Artikel auf wired.com, Dezember 2018. Online am 22. März 2019 unter https://www.wired.com/story/musk-says-tesla-is-building-its-own-chip-for-autopilot

(178)   Stefan Krempl: Autonome Autos mit „durchsetzungsfähigem" Fahrstil. Artikel auf heise.de, Juni 2018. Online am 23. März 2019 unter https://www.heise.de/newsticker/meldung/Autonome-Autos-mit-durchsetzungsfaehigen-Fahrstil-4074306.html

(179)   ebd.;

VW-Schätzung zitiert in: Christoph Link:

Selbstfahrende Autos im Straßenverkehr. Was ist beim autonomen Fahren erlaubt? Artikel auf stuttgarter-zeitung.de, November 2018. Online am 23. März 2019 unter https://www.stuttgarter-zeitung.de/inhalt.selbstfahrende-autos-im-strassenverkehr-was-ist-beim-autonomen-fahren-erlaubt.c378139c-a350-4e50-9e56-a2d1e2d2e2d4.html

(180)   Christiane Köllner: Vision Zero ist nur eine Vision. Artikel auf springerprofessional.de, März 2018. Online am 23. März 2019 unter https://www.springerprofessional.de/automatisiertes-fahren/fahrzeugsicherheit/vision-zero-ist-nur-eine-vision/15548402

(181)   Lutz Eckstein, Thomas Form et al: Automatisiertes Fahren. VDI-Statusreport Juli 2018. Online am 23. März 2019 unter https://www.trialog-publishers.de/media-online/automatisiertes-Fahren-VDI-Statusreport-Juli-2018.pdf

(182)   Mark Burfeind: München bleibt Deutschlands Stauhauptstadt – Hamburg und Berlin holen auf. Pressemitteilung auf inrix.com, Februar 2018. Online am 23. März 2019 unter http://inrix.com/press-releases/scorecard-2017-ger

(183)   Richard David Precht: Jäger, Hirten, Kritiker. Eine Utopie für die digitale Gesellschaft. München 2018

(184)   Sandra Stalinski: Selbstfahrende Autos. Kein Fahrer, kein Lenkrad - viele Fragen. Interview auf tagesschau.de, Februar 2015. Online am 23. März 2019 unter https://www.tagesschau.de/wirtschaft/autonomes-auto-103.html

(185)   Holger Preiss: Tragischer Unfall mit Tesla Model S. Todesfalle autonomes Fahren? Artikel auf n-tv.de, Juli 2016. Online am 23. März 2019 unter https://www.n-tv.de/auto/Todesfalle-autonomes-Fahren-article18093951.html;

O.V.: Autonomes Fahren: tödlicher Unfall von Uber. Tödlicher Softwarefehler? Artikel auf autobild.de, Mai 2018. Online am 23. März 2019 unter https://www.autobild.de/artikel/autonomes-fahren-toedlicher-unfall-von-uber-13410181.html;

O.V.: Uber, Tesla, Google - was geht da schief? Immer wieder Unfälle mit autonomen Autos. Artikel auf ingenieur.de, März 2018. Online am 23. März 2019 unter https://www.ingenieur.de/technik/fachbereiche/fahrzeugbau/unfaelle-mit-autonomen-autos/

(186)   indirekt zitiert in: Link 2018, a.a.O.

(187)   ahe (Redaktionskürzel): Autonomes Fahren – Wer haftet? Artikel auf wbs-law.de, September 2017. Online am 23. März 2019 unter https://www.wbs-law.de/verkehrsrecht/autonomes-fahren-wer-haftet-75217

(188)   Europäisches Parlament: Entschließung des Europäischen Parlaments vom 16. Februar 2017 mit Empfehlungen an die Kommission zu zivilrechtlichen Regelungen im Bereich Robotik (2015/2103(INL)). Dokument auf europarl.europa.eu, Februar 2017. Online am 23. März 2019 unter http://www.europarl.europa.eu/sides/getDoc.do?pubRef=-//EP//TEXT+TA+P8-TA-2017-0051+0+DOC+XML+V0//DE;

Der Vorstoß wird u. a. von der Europäischen Bischofskonferenz COMECE sowie den Unterzeichnern eines offenen Briefs kritisiert, die das Vorhaben aus ethischen und rechtlichen Bedenken für „unangemessen" halten. In: KNA: EU-Bischöfe veröffentlichen Papier zum Umgang mit Robotern. „Der Mensch hat unbedingten Vorrang". Artikle auf domradio.de, Februar 2019. Online am 22. März 2019 unter https://www.domradio.de/themen/ethik-und-moral/2019-02-04/der-mensch-hat-unbedingten-vorrang-eu-bischoefe-veroeffent-lichen-papier-zum-umgang-mit-robotern

(189)   Ethik-Kommission automatisiertes und vernetztes Fahren: Bericht. Juni 2017. Online am 22. März 2019 unter https://www.bmvi.de/SharedDocs/DE/Publikationen/DG/bericht-der-ethik-kommission.pdf?__blob=publicationFile

(190)   Die Website ist bis heute online unter http://moralmachine.mit.edu/hl/de, abgerufen am 2. Mai 2019;

zur Auswertung der Abstimmungen siehe O.V.: Moral Machine: Kann ein selbstfahrendes Auto ethisch handeln? Artikel auf dw.com, Oktober 2018. Online am 2. Mai 2019 unter https://www.dw.com/de/moral-machine-kann-ein-selbstfahrendes-auto-ethisch-handeln/a-46045294

(191)   Christoph Scheffer: Catrin Misselhorn – Philosophin zu Grundfragen der Maschinenethik. Interview auf hr-inforadio.de, Januar 2019. Online am 22. März 2019 unter https://www.hr-inforadio.de/podcast/das-interview/-catrin-misselhorn--philosophin-zu-grund-fragen-der-maschinenethik,podcast-episode39174.html

(192)   K. R. Sanjiv: Can you make a trust fall with AI? Artikel auf linkedin.com, 2017. Online am 22. März 2019 unter https://www.linkedin.com/pulse/can-you-make-trust-fall-ai-k-r-sanjiv/

(193)   Peter Eckersley: Impossibility and Uncertainty Theoremsin AI Value Alignment. Dokument auf arxiv.org, Januar 2019. Online am 22. März 2019 unter https://arxiv.org/pdf/1901.00064.pdf

(194)   Precht 2018, a.a.O.

(195)   O.V.: Autofahrer sollen über Fahrzeugdaten selbst bestimmen. Pressemitteilung auf presse.adac.de, November 2018. Online am 22. März 2019 unter https://presse.adac.de/meldungen/adac-ev/technik/autofahrer-sollen-ueber-fahrzeugdaten-selbst-bestimmen.html

(196)   O.V.: Autonomes Fahren – der Spaß darf nicht zu kurz kommen! Pressemitteilung auf cosmosdirekt.de, November 2017. Online am 22. März 2019 unter https://www.cosmosdirekt.de/veroeffentlichungen/zdt-autonomes-fahren-225408

(197)   Auf Basis der Studienergebnisse zeigt die englischsprachige Webseite www.willro-botstakemyjob.com die Übernahmewahrscheinlichkeit verschiedener Berufe durch Roboter an. Online am 24. März 2019 unter https://willrobotstakemyjob.com

(198)   Carl Benedikt Frey, Michael A. Osborne: The Future of Employment: How susceptible are Jobs to Computerisation? Dokument auf oxfordmartin.ox.ac.uk, September 2013. Online am 23. März 2019 unter https://www.oxfordmartin.ox.ac.uk/downloads/academic/The_Future_of_Employment.pdf;
Ljubica Nedelkoska,Glenda Quintini: Automation, skills use and training. OECD Social, Employment and Migration Working Papers, No. 202. Dokument auf oecd-ilibrary.org, März 2018. Online am 22. März 2019 unter https://doi.org/10.1787/2e2f4eea-en;
Katharina Dengler, Britta Matthes: Wenige Berufsbilder halten
mit der Digitalisierung Schritt. In: IAB Kurzbericht 4/2018. Online am 22. März 2019 unter http://doku.iab.de/kurzber/2018/kb0418.pdf

(199)   Stefan Schultz: Arbeitsmarkt der Zukunft. Die Jobfresser kommen. Artikel auf spiegel.de, August 2016. Online am 22. März 2019 unter http://www.spiegel.de/wirtschaft/soziales/arbeitsmarkt-der-zukunft-die-jobfresser-kommen-a-1105032.html;
Benedikt Fuest: Diese Jobs erledigt künftig die künstliche Intelligenz. Artikel auf welt.de, November 2016. Online am 22. März 2019 unter https://www.welt.de/wirtschaft/article159739614/Diese-Jobs-erledigt-kuenftig-die-kuenstliche-Intelligenz.html;
O.V.: Macht Künstliche Intelligenz uns alle arbeitslos? Artikel auf wired.de, Februar 2016. Online am 22. März 2019 unter https://www.wired.de/collection/tech/ki-auf-dem-vormarsch-menschliche-jobs-gefahr

(200)   Tim Sausen: BVDW-Umfrage: Vor- und Nachteile Künstlicher Intelligenz halten sich die Waage. Pressemitteilung auf bvdw.org, April 2018. Online am 22. März 2019 unter https://www.bvdw.org/presse/detail/artikel/bvdw-umfrage-vor-und-nachteile-kuenstlicher-intelligenz-halten-sich-die-waage

(201)   Homepage des „Job Futuromat". Online am 24. März 2019 unter https://job-futuromat.iab.de

(202)   Nedelkoska, Quintini 2018, a.a.O.; Karine Perset, Nobu Nishigata: OECD Work on Artificial Intelligence. Präsentation für das OECD Global Parliamentary Network, Oktober 2018. Online am 22. März 2019 unter http://www.oecd.org/parliamentarians/meetings/gpn-meeting-october-2018/OECD-Work-on-Artificial-Intelligence.pdf

(203)   Precht 2018, a.a.O.

(204)   Eine bildhafte Beschreibung der ersten Robotercafés und -supermärkte in San Francisco bietet ein SZ-Artikel vom 22. März 2019. Vgl.: Malte Conradi: Die Roboter kommen - und bringen Getränke mit. Artikel auf sueddeutsche.de, März 2019. Online am 24. März 2019 unter https://www.sueddeutsche.de/wirtschaft/roboter-cafe-supermarkt-san-francisco-1.4379031

(205)   H. James Wilson, Paul R. Daugherty et al: The Jobs That Artificial Intelligence Will Create. Artikel in MITSloan Management Review, Ausgabe Sommer 2017. Online am 23. März 2019 unter http://ilp.mit.edu/media/news_articles/smr/2017/58416.pdf

(206)   Spiegel-Ausgaben: 14/1964, 16/1978, 36/2016; Erwerbslosenquoten: siehe Bundesagentur für Arbeit. Online am 22. März 2019 unter http://statistik.arbeitsagentur.de

(207)   zitiert bei Eberl 2016, a.a.O.

(208)   O.V.: AI will create as many jobs as it displaces – report. Artikel auf bbc.com, Juli 2018. Online am 22. März 2019 unter https://www.bbc.com/news/business-44849492

(209)   Heuser, Lobenstein et al 2018, a.a.O.

(210)   Precht 2018, a.a.O.

(211)   aus einem Interview mit Chris Anderson: Ray Kurzweil on what the future holds next. Podcast auf ted.com, Dezember 2018. Online am 23. März 2019 unter https://www.ted.com/talks/the_ted_interview_ray_kurzweil_on_what_the_future_holds_next

(212)   Stop Autonomous Weapons: Slaughterbots. Youtube-Video, November 2017. Online am 23. März 2019 unter https://www.youtube.com/watch?v=9CO6M2HsoIA

(213)   Jane Wakefield: South Korean university boycotted over ‚killer robots'. Artikel auf bbc.co.uk, April 2018. Online am 23. März 2019 unter https://www.bbc.com/news/technology-43653648

(214)   Nicola Smith: South Korea to build unit of swarming drones to counter nuclear-armed North. Artikel auf telegraph.co.uk, Dezember 2017. Online am 23. März 2019 unter https://www.telegraph.co.uk/news/2017/12/06/south-korea-build-unit-swarming-drones-counter-nuclear-armed

(215)   O.V.: Kalashnikov gunmaker develops combat module based on artificial intelligence. Meldung auf tass.com, Juli 2017. Online am 23. März 2019 unter http://tass.com/defense/954894

(216)   Ausschreibung auf sbir.gov, November 2017. Online am 23. März 2019 unter https://www.sbir.gov/sbirsearch/detail/1413823

(217)   James Dao: Drone Pilots Are Found to Get Stress Disorders Much as Those in Combat Do. Artikel auf nytimes.com, Februar 2013. Online am 23. März 2019 unter https://www. nytimes.com/2013/02/23/us/drone-pilots-found-to-get-stress-disorders-much-as-those-in-combat-do.html;

siehe auch die sehenswerte Dokumentation „National Bird" über drei Ex-Mitarbeiter im US-Drohnenprogramm, die über ihre seelischen Schäden sprechen. In: Sonia Kennebeck: National Bird - Amerikas Drohnenkrieger. Dokumentationsfilm auf youtube.com, April 2018. Online am 23. März 2019 unter https://www.youtube.com/watch?v=VaWYNOWVwiU

(218)   Ronald C. Arkin: Governing Lethal Behavior: Embedding Ethics in a Hybrid Deliberative/Reactive Robot Architecture. Artikel auf cc.gatech.edu, 2007. Online am 23. März 2019 unter https://www.cc.gatech.edu/ai/robot-lab/online-publications/formalizationv35.pdf

(219)   Die Diskussion wird gut abgebildet in: Josh Dzieza, The Pros and Cons of Killer Robots. Artikel auf thedailybeast.com, Mai 2013. Online am 23. März 2019 unter https://www. thedailybeast.com/the-pros-and-cons-of-killer-robots

(220)   Future of Life Institute: Autonomous Weapons: an Open Letter from AI & Robotics Researchers. Brief auf futureoflife.org, Juli 2015. Online am 23. März 2019 unter https:// futureoflife.org/open-letter-autonomous-weapons

(221)   siehe Ulrike Esther Franke: Flash Wars: Where could an autonomous weapons revolution lead us? Artiel auf ecfr.eu, November 2018. Online am 22. März 2019 unter https://www. ecfr.eu/article/Flash_Wars_Where_could_an_autonomous_weapons_revolution_lead_us;

siehe Paul Scharre: Army of None. Autonomous Weapons and the Future of War. New York 2018

(222)   Christof Heyns: Report of the Special Rapporteur on extrajudicial,

summary or arbitrary executions, Christof Heyns. Dokument auf ohchr.org, April 2013. Online am 23. März 2019 unter https://www.ohchr.org/Documents/HRBodies/HRCouncil/ RegularSession/Session23/A-HRC-23-47_en.pdf

(223)   Future of Life Institute: Lethal Autonomous Weapons Pledge. Dokument auf futureoflife.org, August 2018. Online am 23. März 2019 unter https://futureoflife.org/lethal-autonomous-weapons-pledge

(224)   Mirjam Hecking: Revolte gegen Beteiligung an Kriegstechnologie. Soll Google dem Pentagon beim Töten helfen? Artikel auf manager-magazin.de, Mai 2018. Online am 23. März 2019 unter http://www.manager-magazin.de/digitales/it/google-project-maven-kuendigungen-wegen-drohnen-projekts-a-1207847.html;

Ingo Pakalski: Google verabschiedet sich von „Don't be evil". Artikel auf golem.de, Mai 2018. Online am 2. Dezember 2018 unter https://www.golem.de/news/verhaltenskodex-google-verabschiedet-sich-von-don-t-be-evil-1805-134479.html

(225)   Sundar Pichai: AI at Google: our principles. Blogeintrag auf blog.google, Juni 2018. Online am 23. März 2019 unter https://blog.google/technology/ai/ai-principles

(226)   Jun Ji-hye: Hanwha, KAIST to develop AI weapons. Artikel auf koreatimes. co.kr, Februar 2018. Online am 23. März 2019 unter https://www.koreatimes.co.kr/www/ tech/2018/09/133_244641.html;

O.V.: Killer-Roboter: Renommierte KI-Forscher rufen zum Boykott auf. Artikel auf wired.de, April 2018. Online am 23. März 2019 unter https://www.wired.de/collection/life/entwicklung-von-killer-robotern-ki-forscher-rufen-zum-uni-boykott-auf

(227)   O.V.: Country Views on Killer Robots. Dokument auf stopkillerrobots.org, November 2018. Online am 23. März 2019 unter https://www.stopkillerrobots.org/wp-content/uploads/2018/11/KRC_CountryViews22Nov2018.pdf

(228)   Daniel Brössler: Wenn Maschinen töten. Artikel auf sueddeutsche.de, März 2019. Online am 21. März 2019 unter https://www.sueddeutsche.de/politik/ruestungskontrolle-wenn-maschinen-toeten-1.4369630

(229)   Andrian Kreye: Kriegsführung mit KI: „Deutschland spielt ein doppeltes Spiel". Artikel auf sueddeutsche.de, November 2018. Online am 23. März 2019 unter https://www. sueddeutsche.de/digital/autonome-waffen-ki-nord-sued-konflikt-1.4229075

(230)   Ralf Krauter: Rüstungsexperte Sauer zu Killerrobotern„Menschliche Kontrolle über Waffensysteme bewahren". Interview auf deutschlandfunk.de, August 2018. Online am 23. März 2019 unter https://www.deutschlandfunk.de/ruestungsexperte-sauer-zu-killerrobotern-menschliche.676.de.html?dram:article_id=426890

(231)   Norica Nicolai, Petras Auštrevičius et al: Entschließungsantrag [...]

zu autonomen Waffensystemen, Dokument auf europarl.europa.eu, September 2018. Online am 23. März 2019 unter http://www.europarl.europa.eu/sides/getDoc.do?pubRef=-//EP// NONSGML+MOTION+B8-2018-0355+0+DOC+PDF+V0//DE

(232)   Lisa Inhoffen: Künstliche Intelligenz: Deutsche sehen eher die Risiken als den Nutzen. Artikel auf yougov.de, September 2018. Online am 23. März 2019 unter https://yougov.de/news/2018/09/11/kunstliche-intelligenz-deutsche-sehen-eher-die-ris

(233)   Chris Deeney: Six in Ten (61%) Respondents Across 26 Countries Oppose the Use of Lethal Autonomous Weapons Systems. Artikel auf ipsos.com, Januar 2019. Online am 23. März 2019 unter https://www.ipsos.com/en-us/news-polls/human-rights-watch-six-in-ten-oppose-autonomous-weapons

(234)   Tweet von @jackyalcine, 28. Juni 2015. Online am 23. März 2019 unter https://twitter.com/jackyalcine/status/615329515909156865

(235)   Tweet von @yonatanzunger, 29. Juni 2015. Online am 23. März 2019 unter https://twitter.com/yonatanzunger/status/615585375487045632

(236)   Tom Simonite: When it comes to gorillas, Google Photos remains blind. Artikel auf wired.com, November 2018. Online am 23. März 2019 unter https://www.wired.com/story/when-it-comes-to-gorillas-google-photos-remains-blind

(237)   Tobias Knobloch: Vor die Lage kommen: Predictive Policing in Deutschland. Chancen und Gefahren datenanalytischer Prognosetechnik und Empfehlungen für den Einsatz in der Polizeiarbeit. Untersuchung der Bertelsmann-Stiftung und der Stiftung Neue Verantwortung, August 2018. Online am 23. März 2019 unter https://www.bertelsmann-stiftung.de/fileadmin/files/BSt/Publikationen/GrauePublikationen/predictive.policing.pdf;

Timo Grossenbacher: Polizei-Software verdächtigt zwei von drei Personen falsch. Artikel auf srf.ch, April 2018. Online am 23. März 2019 unter https://www.srf.ch/news/schweiz/predictive-policing-polizei-software-verdaechtigt-zwei-von-drei-personen-falsch

(238)   Ed Young: A Popular Algorithm Is No Better at Predicting Crimes Than Random People. Artikel auf theatlantic.com, Januar 2018. Online am 23. März 2019 unter https://www.theatlantic.com/technology/archive/2018/01/equivant-compas-algorithm/550646

(239)   Chris Köver: KI-Forscher Toby Walsh: Wir sollten uns nicht um schlaue, sondern um dumme KI Sorgen machen! Interview auf netzpolitik.org, November 2018. Online am 23. März 2019 unter https://netzpolitik.org/2018/interview-mit-ki-forscher-toby-walsh-wir-muessen-jetzt-die-richtigen-entscheidungen-treffen

(240)   Das betrifft auch den Arbeitsmarkt, auf dem einer Studie der NGO AI Now zufolge Frauen und nicht-weiße Menschen benachteiligt werden. Siehe Discriminating Systems. Gender, Race, and Power in AI. Dokument auf ainowinstitute.org, April 2019. Online am 3. Mai 2019 unter https://ainowinstitute.org/discriminatingsystems.pdf

(241)   Henning Steiner: Wissenswert: Selbstlernende Maschinen - wie Künstliche Intelligenz entsteht. Audiodokumentation auf hr.de, Januar 2019. Online am 23. März 2019 unter https://www.hr-inforadio.de/podcast/wissen/selbstlernende-maschinen--wie-kuenstliche-intelligenz-entsteht,podcast-episode39752.html

(242)   John R. Smith: IBM Research Releases 'Diversity in Faces' Dataset to Advance Study of Fairness in Facial Recognition Systems. Blogeintrag auf ibm.com, Januar 2019. Online am 23. März 2019 unter https://www.ibm.com/blogs/research/2019/01/diversity-in-faces

(243)   Sean Captain: Mind and machine. We Don't Always Know What AI Is Thinking—And That Can Be Scary. Artikel auf fastcompany.com, November 2016. Online am 23. März 2019 unter https://www.fastcompany.com/3064368/we-dont-always-know-what-ai-is-thinking-and-that-can-be-scary

(244)   O.V.: Google-Chef Pichai verspricht weniger Daten in der Cloud zu speichern. Artikel auf t3n.de, Januar 2019. Online am 23. März 2019 unter https://t3n.de/news/google-chef-sundar-pichai-verspricht-weniger-daten-in-der-cloud-zu-speichern-1140321

(245)   Mark Wilson: AI Is Inventing Languages Humans Can't Understand. Should We Stop It? Artikel auf fastcompany.com, Juli 2017. Online am 23. März 2019 unter https://www.fastcompany.com/90132632/ai-is-inventing-its-own-perfect-languages-should-we-let-it

(246)   Hier ist nicht der englische Begriff für „Flugschreiber" gemeint, sondern der aus dem Behaviorismus stammende und in diversen Wissenschaften übernommene Begriff, der unerklärliche Entscheidungsfindungen beschreibt.

(247)   indirekt zitiert in: Captain 2016, a.a.O.

(248)   Shirin Glander: Künstliche Intelligenz und Erklärbarkeit. Artikel auf informatik-aktuell. de, Mai 2018. Online am 23. März 2019 unter https://www.informatik-aktuell.de/entwicklung/methoden/kuenstliche-intelligenz-und-erklaerbarkeit.html

(249)   Lenzen 2018, a.a.O.

(250)   Iyad Rahwan, Manuel Cebrian et al: Machine behaviour. In: Nature Volume 568, April 2019. Online am 3. Mai 2019 unter https://www.nature.com/articles/s41586-019-1138-y

(251)   zitiert in: Jason Bloomberg: Don't Trust Artificial Intelligence? Time To Open The AI ‚Black Box'. Artikel auf forbes.com, September 2018. Online am 23. März 2019 unter https://www.forbes.com/sites/jasonbloomberg/2018/09/16/dont-trust-artificial-intelligence-time-to-open-the-ai-black-box

(252)   Vgl. EU-DSGVO Art. 22 auf datenschutz-wiki.de. Online am 23. März 2019 unter https://www.datenschutz-wiki.de/DSGVO:Art_22;

zur Erklärung siehe: Stephan Dreyer und Wolfgang Schulz: Was bringt die Datenschutz-Grundverordnung für automatisierte Entscheidungssysteme? Potenziale und Grenzen der Absicherung individueller, gruppenbezogener und gesellschaftlicher Interessen. Dokument auf hans-bredow-institut.de, April 2018. Online am 23. März 2019 unter https://www.hans-bredow-institut.de/uploads/media/Publikationen/cms/media/p4ymg73_BSt_DSGVOundADM_dt.pdf

(253)   O.V.: Teaching Machines Common Sense Reasoning. Artikel auf darpa.mil, Oktober 2018. Online am 23. März 2019 unter https://www.darpa.mil/news-events/2018-10-11;

O.V.: Machine Common Sense. Frequently Asked Questions. Dokument auf darpa.mil, November 2018. Online am 23. März 2019 unter https://www.darpa.mil/attachments/MCS_FAQ_11_5_18-final.pdf

(254)   Chris Mahon: DARPA Says the Biggest Obstacle to Effective Artificial Intelligence Is Common Sense. Artikel auf outerplaces.com, Oktober 2018. Online am 23. März 2019 unter https://www.outerplaces.com/science/item/18950-common-sense-artificial-intelligence

(255)   O.V: Machine Common Sense. Frequently Asked Questions, a.a.O.;

O.V.: Machine Common Sense (MCS) Proposers Day, Attendee List. Online am 23. März 2019 unter https://www.darpa.mil/attachments/PUBLISH-MCS-Attendee-List-prog-page.pdf

(256)   Rowan Zellers, Yonatan Bisk et al: Swag: A Large-Scale Adversarial Dataset for Grounded Commonsense Inference. Dokument auf arxiv.org, August 2018. Online am 23. März 2019 unter https://arxiv.org/pdf/1808.05326.pdf;

Highscore-Liste auf leaderborad.allenai.org. Online am 23. März 2019 unter https://leaderboard.allenai.org/swag/submissions/public

(257)   O.V.: Waymo Safety Report 2018. Dokument auf storage.googelapis.com, Datum unbekannt. Online am 23. März 2019 unter https://storage.googleapis.com/sdc-prod/v1/safety-report/Safety%20Report%202018.pdf;

Alexis C. Madrigal: Inside Waymo's Secret World for Training Self-Driving Cars. An exclusive look at how Alphabet understands its most ambitious artificial intelligence project. Artikel auf theatlantic.com, August 2017. Online am 23. März 2019 unter https://www.theatlantic.com/technology/archive/2017/08/inside-waymos-secret-testing-and-simulation-facilities/537648

(258)   Jillian D'Onfro: 'I hate them': Locals reportedly are frustrated with Alphabet's self-driving cars. Artikel auf cnbc.com, August 2018. Online am 24. März 2019 unter https://www.cnbc.com/2018/08/28/locals-reportedly-frustrated-with-alphabets-waymo-self-driving-cars.html

(259)   O.V.: Using Stories to Teach Human Values to Artificial Agents. Artikel auf news.gatech.edu, Februar 2016. Online am 23. März 2019 unter https://www.news.gatech.edu/2016/02/12/using-stories-teach-human-values-artificial-agents

(260)   Wilson, Daugherty et al 2017, a.a.O.

(261)   Andrea Sieber, Werner Dilger: Sozionik - Können Soziologen und KI-Forscher voneinander lernen? Aufsatz auf tuhh.de, 1998. Online am 23. März 2019 unter https://www.tuhh.de/tbg/English/Projekte/Bremertexte/7Sieber.pdf

(262)   O.V.: Helmholtz investiert künftig zusätzliche 35 Millionen Euro jährlich in die Digitalisierung der Forschung. Pressemitteilung auf helmholtz.de, September 2018. Online am 23. März 2019 unter https://www.helmholtz.de/aktuell/presseinformationen/artikel/artikeldetail/helmholtz_investiert_kuenftig_zusaetzliche_35_millionen_euro_jaehrlich_in_die_digitalisierung_der_forsc;

Sramana Mitra: Why Is Watson Failing To Deliver For IBM? Artikel auf seekingalpha.com, Oktober 2018. Online am 23. März 2019 unter https://seekingalpha.com/article/4212897-watson-failing-deliver-ibm

(263)   Verity Harding, Sean Legassik: Why we launched DeepMind Ethics & Society. Blogeintrag auf deepmind.com/blog, Oktober 2017. Online am 23. März 2019 unter https://deepmind.com/blog/why-we-launched-deepmind-ethics-society

(264)   O.V.: Introducing OpenAI. Blogeintrag auf blog.openai.com, Dezember 2015. Online am 23. März 2019 unter https://blog.openai.com/introducing-openai;

Homepage von OpenAI. Online am 23. März 2019 unter https://www.openai.com

(265)   Nico Titzel: Was ist TensorFlow? Artikel auf bigdata-insider.de, Februar 2018. Online am 23. März 2019 unter https://www.bigdata-insider.de/was-ist-tensorflow-a-684272

(266)   Sundar Pichai: TensorFlow: smarter machine learning, for everyone. Blogeintrag auf googleblog.blogspot.com, November 2015. Online am 23. März 2019 unter https://googleblog.blogspot.com/2015/11/tensorflow-smarter-machine-learning-for.html?m=1

(267)   Dave Gershgorn: How Google Aims To Dominate Artificial Intelligence. Artikel auf popsci.com, November 2015. Online am 23. März 2019 unter https://www.popsci.com/google-ai

(268)   Tom Simonite: Alphabet: Ein lukratives KI-Geschenk. Artikel auf heise.de, November 2017. Online am 31. Dezember 2018 unter https://www.heise.de/tr/artikel/Alphabet-Ein-lukratives-KI-Geschenk-3886976.html

(269)   Homepage des Onlinekurses. Online am 23. März 2019 unter https://www.elementsofai.com

(270)   Übersicht der KI-Kurse auf edx.org. Online am 23. März 2019 unter https://www.edx.org/course?search_query=artificial+intelligence;
Die erwähnten Kurse sind kostenfrei; ein Zertifikat ist kostenpflichtig.

(271)   Homepage des Lehrgangs auf openai.com. Online am 23. März 2019 unter https://spinningup.openai.com/en/latest/index.html

(272)   Homepage von Experiments with Google. Online am 23. März 2019 unter unter https://experiments.withgoogle.com/collection/ai

(273)   Angelika Yuki Köhler: Bevölkerungsbefragung: Künstliche Intelligenz. Präsentation auf pwc.de, Juli 2017. Online am 23. März 2019 unter https://www.pwc.de/de/consulting/bevoelkerungsbefragung-kuenstliche-intelligenz-2017.pdf

(274)   Inhoffen 2018, a.a.O.

(275)   Lukas Klingholz, Andreas Streim: Lieber Künstliche Intelligenz als menschliche Dummheit? Pressemitteilung auf bitkom.org, Januar 2018. Online am 23. März 2019 unter https://www.bitkom.org/Presse/Presseinformation/Lieber-Kuenstliche-Intelligenz-als-menschliche-Dummheit.html

(276)   Paul Robinette, Wenchen Li et al: Overtrust of Robots in Emergency Evacuation Scenarios. Dokument auf cc.gatech.edu, April 2016. Online am 23. März 2019 unter https://www.cc.gatech.edu/~alanwags/pubs/Robinette-HRI-2016.pdf

(277)   Und selbst das könnte man sich sparen, wenn es nach dem Willen der jüngeren Generation geht. 31 Prozent der für die Zukunftsstudie Living 2038 befragten Unter 18jährigen gaben an, an einer direkten Verbindung zwischen dem Körper und dem Internet interessiert zu sein. Siehe O.V.: QVC Zukunftsstudie „Living 2038: Wie lebt Deutschland übermorgen?". Pressemitteilung auf unternehmen.qvc.de, September 2018. Online am 23. März 2019 unter https://unternehmen.qvc.de/newsroom/pressrelease/qvc-zukunftsstudie-living-2038-wie-lebt-deutschland-uebermorgen

(278)   Der Autor dieser Abhandlung hat sich in dem Essay Die Mensch-App näher mit der Frage des Kontrollverlustes beschäftigt. In: Michael Brendel: Die Mensch App – Wie Internet und Smartphone unsere Wirklichkeit verändern. Lingen 2018

(279)   Toby Walsh: Turing's Red Flag. Dokument auf arxiv.org, Oktober 2015. Online am 23. März 2019 unter https://arxiv.org/pdf/1510.09033.pdf

(280)   Felix Kirschenbauer: Consumers' thoughts on AI, robots, and digital security. Pressemitteilung auf electronica.de, August 2018. Online am 23. März 2019 unter https://electronica.de/press/newsroom/press-releases/consumers-thoughts-on-ai-robots-and-digital-security.pdf

(281)   Onlineumfrage von myrobotcenter.de auf Facebook. Online am 23. März 2019 unter https://www.facebook.com/myRobotcenterDeutschland/posts/1639925712730284:0

(282)   O.V.: Speak Easy. Trendreport auf mindshareworld.com, April 2017. Online am 23. März 2019 unter https://www.mindshareworld.com/sites/default/files/Speakeasy.pdf

(283)   Aike C. Horstmann, Nikolai Bock et al: Do a robot's social skills and its objection discourage interactants from switching the robot off? Dokument auf journals.plos.org, Juli 2018. Online am 27. März 2019 unter https://journals.plos.org/plosone/article?id=10.1371/journal.pone.0201581

(284)   Evan Ackerman: Touching a Robot's ‚Intimate Parts' Makes People Uncomfortable. Artikel auf spectrum.ieee.org, April 2016. Online am 23. März 2019 unter https://spectrum.ieee.org/automaton/robotics/humanoids/stanford-touching-nao-robot;
Charles Q. Choi: Bad touch: Intimate robot interactions cause discomfort. Artikel auf cbsnews.com, April 2016. Online am 23. März 2019 unter https://www.cbsnews.com/news/bad-touch-intimate-robot-interactions-cause-discomfort

(285)   John McCarthy: The Little Thoughts of Thinking Machines. Dokument auf cse.msu.
edu, 1983. Online am 23. März 2019 unter

http://www.cse.msu.edu/~cse841/papers/McCarthy.pdf

(286)   So schreiben Stuart Russell und Peter Norvig in Artificial Intelligence - A Modern
Approach:

„Zum Beispiel können wir nicht behaupten, ein Fußgängerdetektor sei sicher, wenn er bei
einem großen Datensatz gut funktioniert, aber wichtige, wenn auch seltene, Phänomene
auslässt (z. B. einen Menschen, der auf ein Fahrrad aufsteigt). Wir wollen nicht, dass unser
ein selbstfahrendes Auto einen Fußgänger fährt, der zufällig etwas Ungewöhnliches tut." In:
Stuart Russel, Peter Norvig: Artificial Intelligence: A Modern Approach. 3. Auflage. Boston 2010;

vgl. auch Sascha Mattke: Mehr Ehrgeiz bei künstlicher Intelligenz! Miterfinder von Deep
Learning will intelligentere Maschinen. Artikel auf heise.de, Dezember 2018. Online am
23. März 2019 unter

https://www.heise.de/newsticker/meldung/Mehr-Ehrgeiz-bei-kuenstlicher-Intelligenz-Mit-
erfinder-von-Deep-Learning-will-intelligentere-4238082.html;

Karsten Lemm: Gerät KI außer Kontrolle? Wenn ja, sind wir selber schuld. Artikel auf wired.
de, September 2018. Online am 23. März 2019 unter https://www.wired.de/article/geraet-ki-
ausser-kontrolle-wenn-ja-sind-wir-selber-schuld

(287)   Melinda Beck: Can a Death-Predicting Algorithm Improve Care? Artikel auf wsj.
com, Dezember 2016. Online am 23. März 2019 unter https://www.wsj.com/articles/can-a-de-
ath-predicting-algorithm-improve-care-1480702261

(288)   für einen Vergleich nationaler KI-Strategien siehe: Tim Dutton: An Overview of
National AI Strategies. Artikel auf medium.com, Juni 2018 (aktualisiert im Juli 2018). Online
am 23. März 2019 unter https://medium.com/politics-ai/an-overview-of-national-ai-strate-
gies-2a70ec6edfd

Olaf J. Groth, Mark Nitzberg et al: Vergleich nationaler Strategien zur Förderung von
Künstlicher Intelligenz. Dokumente auf kas.de. Teil 1: November 2018. Online am 23. März
2019 unter https://www.kas.de/documents/252038/3346186/Vergleich+nationaler+Stra-
tegien+zur+Förderung+von+Künstlicher+Intelligenz.pdf; Teil 2: Januar 2019. Online am
23. März 2019 unter https://www.kas.de/documents/252038/4521287/Künstliche+Intelli-
genz+Internationaler+Vergleich+Teil+2.pdf

(289)   Bundesregierung: Strategie Künstliche Intelligenz der Bundesregierung. Dokument
auf bmbf.de, November 2018. Online am 20. März 2019 unter https://www.bmbf.de/files/
Nationale_KI-Strategie.pdf

(290)   ebd.

(291)   Bundesregierung: Eckpunkte der Bundesregierung für eine Strategie Künstliche
Intelligenz. Dokument auf bmwi.de, Juli 2018. Online am 23. März 2019 unter https://www.
bmwi.de/Redaktion/DE/Downloads/E/eckpunktepapier-ki.pdf?__blob=publicationFile&v=10

(292)   Dirk Peitz: Vages Warten. Artikel auf zeit.de, Juli 2018. Online am 22. März 2019 unter
https://www.zeit.de/digital/2018-07/kuenstliche-intelligenz-nationale-strategie-deutsch-
land-bundesregierung/komplettansicht

(293)   Alexander Armbruster: Der deutsche KI-Weg. Artikel auf faz.net, Juli 2018. Online
am 22. März 2019 unter https://www.faz.net/aktuell/wirtschaft/diginomics/kuenstliche-in-
telligenz-made-in-germany-kommentar-15706427.html

(294)   Deutscher Bundestag: Schwerpunkte der Strategie für Künstliche Intelligenz erörtert.
Artikel auf bundestag.de, Februar 2019. Online am 22. März 2019 unter https://www.bundes-
tag.de/dokumente/textarchiv/2019/kw07-de-kuenstliche-intelligenz-strategie-590730;

Stefan Krempl: KI-Strategie: Bundestag streitet über Maßnahmen, Ziele, Ethik bei Künstlicher Intelligenz. Artikel auf heise.de, Februar 2019. Online am 22. März unter https://www.
heise.de/newsticker/meldung/KI-Strategie-Bundestag-streitet-ueber-Massnahmen-Zie-
le-Ethik-bei-Kuenstlicher-Intelligenz-4310532.html

(295)   Europäische Kommission: Mitteilung der Kommission an das Europäische Parlament, den Rat, den Europäischen Wirtschafts- und Sozialausschuss und den Ausschuss
der Regionen. Künstliche Intelligenz für Europa. Dokument auf ec.europa.eu, April 2018.
Online am 23. März 2019 unter https://ec.europa.eu/transparency/regdoc/rep/1/2018/DE/
COM-2018-237-F1-DE-MAIN-PART-1.PDF

(296)   Europäische Kommission: Mitgliedstaaten und Kommission arbeiten gemeinsam
an Förderung künstlicher Intelligenz „Made in Europe". Pressemitteilung auf europa.eu,
Dezember 2018. Online am 3. Mai 2019 unter http://europa.eu/rapid/press-release_IP-18-
6689_de.htm

(297)   ebd.

(298)   Übersetzung des Titels aus dem Englischen. Siehe: High-Level Expert Group on Artificial Intelligence: Ethics guidelines for trustworthy AI. Dokument auf ec.europa.eu, April 2019. Online am 3. Mai 2019 unter https://ec.europa.eu/digital-single-market/en/news/ethics-guidelines-trustworthy-ai

(299)   Zitat aus dem Dokument (übersetzt):"Stakeholder, die sich für die Erreichung einer vertrauenswürdigen KI einsetzen, können sich freiwillig dafür entscheiden, diese Leitlinien als Methode zur Operationalisierung ihres Engagements zu verwenden." High-Level Expert Group, a.a.O.;

Thomas Metzinger: EU-Ethikrichtlinien für Künstliche Intelligenz. Nehmt der Industrie die Ethik weg! Artikel auf tagesspiegel.de, April 2019. Online am 5. Mai 2019 unter https://www.tagesspiegel.de/politik/eu-ethikrichtlinien-fuer-kuenstliche-intelligenz-nehmt-der-industrie-die-ethik-weg/24195388.html

(300)   In der 52köpfigen Gruppe waren vier Ethiker und 48 Nicht-Ethiker, berichtet Metzinger und findet einen interessanten Vergleich: „Das ist so, als würden Sie mit 48 Philosophen, einem Hacker und drei Informatikern (von denen zwei immer gerade in Urlaub sind) einen topmodernen, zukunftssicheren KI-Großrechner zur Politikberatung bauen."

Metzinger 2019, a.a.O.

(301)   Europäische Kommission: Mitteilung der Kommission an das Europäische Parlament, den Rat, den Europäischen Wirtschafts- und Sozialausschuss und den Ausschuss der Regionen. Schaffung von Vertrauen in eine auf den Menschen ausgerichtete künstliche Intelligenz. Dokument auf eur-lex.europa.eu, April 2019. Online am 3. Mai 2019 unter https://eur-lex.europa.eu/legal-content/DE/TXT/HTML/?uri=CELEX:52019DC0168&qid=15564763 26030&from=EN

(302)   für eine detaillierte Gegenüberstellung der beiden Dokumente siehe Erny Gillen: Stets zu Diensten. Artikel in der Frankfurter Allgemeine Zeitung, 24. April 2019. Online am 3. Mai 2019 unter https://www.faz.net/aktuell/feuilleton/medien/kuenstliche-intelligenz-kommission-korrigiert-ethikleitlinien-16153875.html (Bezahlangebot)

(303)   ebd.

(304)   Hier ist auch von „Regulierungsansätzen" die Rede, die aber nicht weiter ausgeführt werden. Bundesregierung Juli 2018, a.a.O.

(305)   Bundesregierung November 2018, a.a.O.

(306)   Europäische Kommission April 2019, a.a.O.

(307)   Europäische Kommission Dezember 2018, a.a.O.

(308)   Bundesregierung November 2018, a.a.O.

(309)   Marcel Dickow, Daniel Jacob (vorheriger Name von Daniel Voelsen): Das globale Ringen um die Zukunft der künstlichen Intelligenz: internationaler Regulierungsbedarf und Chancen für die deutsche Außenpolitik. In: SWP-Aktuell, 24/2018. Online am 23. März 2019 unter https://nbn-resolving.org/urn:nbn:de:0168-ssoar-57758-1

(310)   Bitkom, DFKI: Künstliche Intelligenz. Wirtschaftliche Bedeutung, gesellschaftliche Herausforderungen, menschliche Verantwortung. Positionspapier auf dfki.de, Oktober 2017. Online am 23. März 2019 unter https://www.dfki.de/fileadmin/user_upload/import/9744_171012-KI-Gipfelpapier-online.pdf

(311)   Teilnehmende der Konferenz Beneficial AI in Asilomar, Januar 2017: Asilomar AI Principles. Online am 23. März 2019 unter https://futureoflife.org/ai-principles

(312)   Hintergründe zu der den Prinzipen vorausgehenden Diskussion auf futureoflife. org, Januar 2017. Online am 23. März 2019 unter https://futureoflife.org/2017/01/17/principled-ai-discussion-asilomar

(313)   Martin Ford: Aufstieg der Roboter: Wie unsere Arbeitswelt gerade auf den Kopf gestellt wird - und wie wir darauf reagieren müssen. Kulmbach 2016

(314)   Alexander Kruel: Interview series on risks from AI. Blogeintrag auf wiki.lesswrong.com, Juli 2013. Online am 23. März 2019 unter https://wiki.lesswrong.com/wiki/Interview_series_on_risks_from_AI

(315)   The Artificial Intelligence Channel: Ray Kurzweil - Human-Level AI is Just 12 Years Away. Youtube-Video, November 2017. Online am 23. März 2019 unter https://www.youtube.com/watch?v=JiXVMZTyZRw;

Ray Kurzweil, Peter Diamandis: Transforming Humanity in the 21st Century and Beyond. Mitschnitt eines Webinars auf a360.digital, September 2018. Online am 23. März 2019 unter https://www.a360.digital/p/ray-webinar-sign-up-diamandis-f-2018 (Anmeldung nötig)

(316)   Chris Anderson: Interview mit Ray Kurzweil 2018, a.a.O.;

Matthew Kennedy: Best futurists ever: Ray Kurzweil's predictions for the future of technology, medicine, and A.I. Artikel auf rossdawson.com, Datum unbekannt. Online am 23. März 2019 unter https://rossdawson.com/futurist/best-futurists-ever/ray-kurzweil;

O.V.: Predictions made by Ray Kurzweil. Eintrag auf en.wikipedia.org. Online am 23. März 2019 unter https://en.wikipedia.org/wiki/Predictions_made_by_Ray_Kurzweil

(317)   Florian Gallwitz: Auch 2029 wird es keine Künstliche Intelligenz geben, die diesen Namen verdient. Artikel auf wired.de, Dezember 2018. Online am 23. März 2019 unter https://www.wired.de/article/auch-2029-wird-es-keine-kuenstliche-intelligenz-geben-die-diesen-namen-verdient

(318)   Erny Gillen: Antworten auf von Michael Brendel gestellte Interviewfragen, per Email übermittelt am 24. März 2019

(319)   Guia Marie Del Prado: Experts explain the biggest obstacles to creating human-like robots. Artikel aus businessinsider.com, März 2016. Online am 23. März 2019 unter https://www.businessinsider.com/biggest-challenges-human-artificial-intelligence-2016-2

(320)   ebd.

(321)   Gillen Interview 2019, a.a.O.

(322)   Eliezer Yudkowsky: There's No Fire Alarm for Artificial General Intelligence. Artikel au intelligence.org, Oktober 2017. Online am 23. März 2019 unter https://intelligence.org/2017/10/13/fire-alarm

(323)   Stephen Hawking: Transcendence looks at the implications of artificial intelligence - but are we taking AI seriously enough? Artikel auf theindependent.co.uk, Mai 2014. Online am 23. März 2019 unter https://www.independent.co.uk/news/science/stephen-hawking-transcendence-looks-at-the-implications-of-artificial-intelligence-but-are-we-taking-9313474.html

(324)   Ray Kurzweil sieht das anders. Für ihn zeigt der Turing-Test die „volle Bandbreite menschlicher Intelligenz. In: Nicholas Thompson: Ray Kurzweil on Turing Tests, Brain Extenders, and AI Ethics. Artikel auf wired.com, November 2017. Online am 23. März 2019 unter https://www.wired.com/story/ray-kurzweil-on-turing-tests-brain-extenders-and-ai-ethics

(325)   Luke Muehlhauser: What is AGI? Artikel auf intelligence.org, August 2013. Online am 23. März 2019 unter https://intelligence.org/2013/08/11/what-is-agi

(326)   gelöschter Kommentar siehe: John Brockman:

The Myth Of AI. A Conversation With Jaron Lanier. Video auf edge.org, November 2014. Online am 23. März 2019 unter https://www.edge.org/conversation/the-myth-of-ai;

Screenshot von Musks gelöschtem Kommentar auf imgur.com. Online am 23. März 2019 unter http://i.imgur.com/sLouqqW.jpg

(327)   O.V.: OpenAI Charter. Blogeintrag auf blog.openai.com, April 2018. Online am 13. Januar 2019 unter https://blog.openai.com/openai-charter/;

O.V.: Artificial general intelligence (AGI) will be the most significant technology ever created by humans. Artikel auf openai.com, Datum unbekannt. Online am 23. März 2019 unter https://openai.com/about/#mission

(328)   Vincent C. Müller, Nick Bostrom: Future progress in artificial intelligence: A survey of expert opinion. In: Vincent C. Müller: Fundamental Issues of Artificial Intelligence, Berlin 2016. Online am 23. März 2019 unter http://www.sophia.de/pdf/2014_PT-AI_polls.pdf

(329)   Christianna Reedy: Kurzweil Claims That the Singularity Will Happen by 2045. Artikel auf futurism.com, Oktober 2017. Online am 24. März 2019 unter https://futurism.com/kurzweil-claims-that-the-singularity-will-happen-by-2045

(330)   zu Gates' und Musks' Thesen siehe Kaiser Kuo: Baidu CEO Robin Li interviews Bill Gates and Elon Musk at the Boao Forum, March 29 2015. Video auf Youtube, 29. März 2015. Online am 23. März 2019 unter https://www.youtube.com/watch?v=NGoZjUfOBUs;

Tegmark 2017, a.a.O.;

Ray Kurzweil spricht in einem Interview von einem „soften Takeoff", in der gleich Antwort aber davon, dass sich eine Starke KI „sofort" zur übermenschlichen entwickeln wird. In: Martin Ford: Architects of Intelligence: The truth about AI from the people building it. Birmingham 2018

(331)   Nick Bostrom: Superintelligenz: Szenarien einer kommenden Revolution. Berlin 2016

(332)   ebd.

(333)   Kharpal 2017, a.a.O.

(334)   Alexander Armbruster: Max Tegmark im Interview: „Die Menschheit kann erblühen wie nie zuvor". Interview auf faz.net, November 2017. Online am 23. März 2019 unter https://www.faz.net/aktuell/wirtschaft/kuenstliche-intelligenz/physiker-max-tegmark-im-interview-ueber-kuenstliche-intelligenz-15311511.html

(335)   Irving John Good: Speculations Concerning the First Ultraintelligent Machine. In: Advances in Computers 6, New York 1965

(336)   Bostrom 2017, a.a.O.

(337)   Stuart Russell: Provably Beneficial Artificial Intelligence. Dokument auf people.eecs. berkeley.edu, Datum unbekannt. Online am 23. März 2019 unter https://people.eecs.berkeley. edu/~russell/papers/russell-bbvabook17-pbai.pdf

(338)   WebCamp Zagreb: Superintelligence: The Idea That Eats Smart People (Keynote). Youtube-Video, Dezember 2016. Online am 23. März 2019 unter https://www.youtube.com/ watch?time_continue=3&v=kErHiET5YPw

(339)   Rodney Brooks: Post: [FoR&AI] The Seven Deadly Sins of Predicting the Future of AI. Artikel auf rodneybrooks.com, September 2017. Online am 23. März 2019 unter http:// rodneybrooks.com/the-seven-deadly-sins-of-predicting-the-future-of-ai/

(340)   Gundolf S. Freyermuth: Nutzen und Schaden der KI. KO oder OK? Artikel auf rotary. de, August 2016. Online am 23. März 2019 unter https://rotary.de/wissenschaft/ko-oder-ok-a-9346.html

(341)   Ben Goertzel: Should Humanity Build a Global AI Nanny to Delay the Singularity Until It's Better Understood? Artikel im Journal of Consciousness Studies, 19, No 1-2, 2012. Online am 23. März 2019 unter http://citeseerx.ist.psu.edu/viewdoc/download?doi=10.1.1.3 52.3966&rep=rep1&type=pdf

(342)   Daniel C. Dennett: 2015: What do you think about machines that think? Gastbeitrag auf edge.org, Datum unbekannt. Online am 23. März 2019 unter https://www.edge.org/ response-detail/26035;

Singularity Weblog: Noam Chomsky: The Singularity is Science Fiction! Youtube-Video, Oktober 2013. Online am 23. März 2019 unter https://www.youtube.com/watch?v=0kICLG4Zg8s

(343)   zitiert in: Ray Kurzweil: Menschheit 2.0. Die Singularität naht. Berlin 2004

(344)   zitiert in O.V.: „We are Galactic Babies" –'Something Similar to the AI Revolution May Have Happened at Other Points in the Universe'. Artikel auf dailygalaxy.com, September 2018. Online am 23. März 2019 unter https://dailygalaxy.com/2018/09/we-are-galactic-babies-something-similar-to-the-ai-revolution-may-have-happened-on-at-other-points-in-the-universe/

(345)   zitiert in: Mark Schaefer: Internet founder speaks out on AI fear, the singularity, and beautiful robots. Artikel zu einem Auftritt von Tim Berners-Lee auf der Dell EMC World, Mai 2017. Online am 23. März 2019 unter https://businessesgrow.com/2017/05/11/internet-founder

(346)   Tegmark 2017, a.a.O.

(347)   Hans P. Moravec: Mind Children. Harvard 1988

(348)   Tegmark 2017, a.a.O.

(349)   Chris Anderson: Interview mit Ray Kurzweil 2018 a.a.O.; Kurzweil 2014, a.a.O.

(350)   Mo Costandi: Brain-to-brain interface transmits information from one rat to another. Artikel auf theguardian.com, Februar 2013. Online am 23. März 2019 unter https://www.the-guardian.com/science/neurophilosophy/2013/feb/28/brain-to-brain-interface?CMP=twt_gu

(351)   D. Kacy Cullen und Douglas H. Smith: Elektrischer Anschluss ans Nervensystem. Artikel auf spektrum.de, März 2013. Online am 23. März 2019 unter https://www.spektrum. de/news/elektrischer-anschluss-ans-nervensystem/1186735;

Mike Brown: VERE's Mind Control Robots Give Patients Out-of-Body Experience. Artikel auf inverse.com, Oktober 2016. Online am 24. März 209 unter https://www.inverse.com/ article/22831-vere-mind-control-robot-eeg-patient

(352)   Pierre Heumann: Zukunftsforscher Yuval Noah Harari: „Die meisten Menschen sind für die Wirtschaft überflüssig". Interview auf handelsblatt.com, März 2017. Online am 23. März 2019 unter https://www.handelsblatt.com/technik/it-internet/cebit2017/zukunftsforscher-yu-val-noah-harari-die-meisten-menschen-sind-fuer-die-wirtschaft-ueberfluessig/19553518. html

(353)   Yuval Noah Harari: Homo Deus: Eine Geschichte von Morgen. München 2017

(354)   Chris Anderson: Interview mit Ray Kurzweil 2018, a.a.O.

(355)   Dierk Spreen: Politische Ökonomie nach dem Menschen. In: Kritik des Transhumanismus: Über eine Ideologie der Optimierungsgesellschaft. Berlin 2018

(356)   Mark Harris: Inside the First Church of Artificial Intelligence. Artikel auf wired. com, Datum unbekannt. Online am 23. März 2019 unter https://www.wired.com/story/ anthony-levandowski-artificial-intelligence-religion

(357)   Die Übersetzung ‚Anthropomorphismus' ist korrekt. Im Originaltext steht ‚anthropomorphism', nicht etwa (wie der Vergleich mit Galilei nahe leben würde) ‚anthropocentrism'.

O.V.: What is this all about? Homepage der Way of the Future Church. Online am 23. März 2019 unter http://www.wayofthefuture.church/

(358) Tweet von Elon Musk, 23. Oktober 2017. Online am 23. März 2019 unter https://twitter.com/elonmusk/status/922691827031068672

(359) ebd.

(360) Tegmark 2017, a.a.O.

(361) Gillen Interview 2019, a.a.O.

(362) Bostrom 2014, a.a.O.

(363) ebd.

(364) Chris Paine: Do you trust this Computer? Youtube-Video, Juni 2018. Online am 23. März 2019 unter https://www.youtube.com/watch?v=aV_IZye14vs

(365) Nick Bostrom stimmt hier zu: „Nick Bostrom: Menschen stellen in dieser Hinsicht keine vertrauenswürdigen Systeme dar, schon gar nicht, wenn sie einer superintelligenten Manipulatorin und Überzeugungskünstlerin gegenüberstehen." In: Bostrom 2014, a.a.O.

(366) Tegmark 2017, a.a.O.

(367) Thomas Metzinger: Die mitfühlende Superintelligenz, die Böses schafft. Artikel auf nzz.ch, Dezember 2017. Online am 23. März 2019 unter https://www.nzz.ch/feuilleton/die-mitfuehlende-superintelligenz-die-boeses-schafft-ld.1334142

(368) ebd.

(369) ebd.

(370) Tegmark 2017, a.a.O.

(371) ebd.

(372) Stuart Russell: Provably Beneficial Artificial Intelligence. Dokument auf people.eecs.berkeley.edu, Datum unbekannt. Online am 23. März 2019 unter https://people.eecs.berkeley.edu/~russell/papers/russell-bbvabook17-pbai.pdf;

Der neuseeländische Ethikprofessor Nicholas Agar ist der Ansicht, man könne KIs moralisch erziehen. In dem Artikel „Don't Worry about Superintelligence" schreibt er: „Nach der Orthogonalitätsthese von Bostrom können wir nicht verhindern, dass eine autonome KI den Wunsch verspürt, auf unfreundliche Weise zu handeln. Dieselbe Warnung gilt für den Menschen. Die Existenz psychopathischer Mörder sagt uns, dass extreme Unfreundlichkeit gegenüber anderen Menschen mit der Grundarchitektur der menschlichen Autonomie vereinbar ist. Eltern sind nicht machtlos, diese schlechten Ergebnisse zu verhindern. Sie können versuchen, einzugreifen, wenn sich die Fähigkeiten ihrer Kinder für autonomes Handeln erweitern. Wenn Sie bei Ihrem Kind bösartiges Verhalten bemerken, können Sie versuchen, es zu korrigieren. Wir sollten davon ausgehen, dass wir in der Lage sein werden, KIs moralisch auszubilden." In: Journal of Evolution & Technology, Februar 2016. Online am 23. März 2019 unter https://jetpress.org/v26.1/agar.htm

(373) Norbert Wiener: Some moral and technical consequences of automation. In: Science 131 (3410), 1960.

(374) Harari 2017, a.a.O.

(375) Maureen Dowd: Elon Musk's Billion-Dollar Crusade to Stop the A.I. Apocalypse. Artikel auf vanityfair.com, März 2017. Online am 23. März 2019 unter https://www.vanityfair.com/news/2017/03/elon-musk-billion-dollar-crusade-to-stop-ai-space-x;

Jane Wakefield: Intelligent Machines: What does Facebook want with AI? Artikel auf bbc.com, September 2015. Online am 23. März 2019 unter https://www.bbc.com/news/technology-34118481

(376) Laurent Orseau, Stuart Armstrong: Safely Interruptible Agents. Dokument auf auai.org, 2016. Online am 23. März 2019 unter http://auai.org/uai2016/proceedings/uai-2016-proceedings.pdf

(377) Bostrom 2014, a.a.O.

(378) Sam Harris: Can we built AI without losing control over it? Video auf ted.com, Juni 2016. Online am 21. März 2019 unter https://www.ted.com/talks/sam_harris_can_we_build_ai_without_losing_control_over_it?referrer=playlist-talks_on_artificial_intelligen

(379) Fehrenbach 2018, a.a.O.

(380) Armbruster 2017, a.a.O.

(381) Paine 2018, a.a.O.

(382) Pressemitteilung ibm.com, Januar 2018, a.a.O.;

zum Verbraucherinteresse vgl. Google Trends-Statistik, abgerufen am 23. März 2019: Erlangte das Themenfeld zwischen 2005 und 2015 einen Beliebtheitswert zwischen 50 und 75 Punkten, ist er seit Oktober 2017 stets über 80 Punkten.

(383)   Für ein normalen PC werden 150 Watt durchschnittliche Leistungsaufnahme zugrunde gelegt, was 3,6 KWh Tagesverbrauch bedeutet. Zum menschlichen Energieumsatz vgl. Edmund Dörrhöfer: Energie, Arbeit und Leistung beim Menschen. Dokument auf doerrhoefer-technik.de, 2009. Online am 23. März 2019 unter http://doerrhoefer-technik.de/energie/energie_mensch.pdf;
Zum Supercomputer „SUMMIT" vgl. Oak Ridge National Laboratory: Summit System Overview. Präsentation auf olcf.ornl.gov, Juni 2018. Online am 23. März 2019 unter https://www.olcf.ornl.gov/wp-content/uploads/2018/05/Intro_Summit_System_Overview.pdf

(384)   Die Bibel, 1. Mose 1,28

(385)   Gillen bezieht sich auf den Roman „Hologrammatica". Siehe: Tom Hillenbrand: Hologrammatica, Köln 2018

(386)   Gillen Interview 2019, a.a.O.

(387)   „Wir alle ziehen Sinn aus unseren Gemeinschaften. Ob unsere Gemeinschaften nun Häuser oder Sportmannschaften, Kirchen oder A-cappella-Gruppen sind - sie geben uns das Gefühl, dass wir Teil von etwas Größerem sind, dass wir nicht allein sind; sie geben uns die Kraft, unseren Horizont zu erweitern.". In: James Titcomb: Technology Intelligence. Annotated: What Mark Zuckerberg's Harvard speech really said. Artikel auf telegraph.co.uk, Mai 2017. Online am 23. März 2019 unter https://www.telegraph.co.uk/technology/2017/05/26/annotated-mark-zuckerbergs-harvard-speech-really-said

(388)   Bundesministerium für Umwelt, Naturschutz und nukleare Sicherheit (BMU) (Hrsg.): GreenTech made in Germany 2018. Umwelttechnik-Atlas für Deutschland, April 2018. Online am 21. März 2019 unter https://www.bmu.de/fileadmin/Daten_BMU/Pools/Broschueren/greentech_2018_bf.pdf

(389)   Astrid Maier, Jenny Fadranski: „Wir bilden Schüler zu besseren Smartphones aus." Interview mit Andreas Schleicher im Podcast „Ada –Heute das Morgen verstehen", April 2019. Online am 2. Mai 2019 unter https://join-ada.com/podcasts/wir-bilden-schueler-zu-besseren-smartphones-aus.html

(390)   ebd.

(391)   Gay Flashman: Jack Ma on the IQ of love - and other top quotes from his Davos interview. Artikel auf weforum.org, Januar 2018. Online am 2. Mai 2019 unter https://www.weforum.org/agenda/2018/01/jack-ma-davos-top-quotes

Abbildungsverzeichnis

Titel   liuzishan/Adobe Stock; Foto Buchrückseite: Suzanne von Melle;
         Covergestaltung: M. Brendel
S. 14   Calum Lewis/Unsplash
S. 17   courtesy of the Minsky family
S. 26   Jonathan Reichel/Pixabay
S. 35   Greg Stewart/SLAC National Accelerator Laboratory
S. 50   MSC/CC BY 3.0, https://creativecommons.org/licenses/by/3.0
S. 53   Andy Kelly/Unsplash
S. 62   USGov-NASA
S. 64   ING Group/CC BY 2.0, https://creativecommons.org/licenses/by/2.0
S. 75   Zufallsbild von der Webseite thispersondoesnotexist.com, generiert am 12. Mai 2019
S. 91   dllu/CC BY-SA 4.0, (https://creativecommons.org/licenses/by-sa/4.0
S. 96   Screenshot von moralmachine.mit.edu, erstellt am 5. Mai 2019
S. 105   DER SPIEGEL 14/1964, 16/1978, 36/2016
S. 108   U.S. Army
S. 123   Joe Shlabotnik/CC BY 2.0, https://creativecommons.org/licenses/by/2.0
S. 132   Drift Shutterbug/Pexels
S. 144   Rob Felt/Georgia Tech
S. 152   Horstmann et al/CC BY 4.0, https://creativecommons.org/licenses/by/4.0
S. 157   Markus Spiske/CC BY 2.0, https://creativecommons.org/licenses/by/2.0
S. 180   Lucas Cranach der Ältere: Das goldene Zeitalter, 1530 (Ausschnitt)
S. 192   Mikhail Vasilyev/Unsplash
S. 214   AlienCat/Adobe Stock (Roboterhand); Michaelangelo: Die Erschaffung Adams
         (Hand Gemälde); Sergey Soldatov/123rf.com (Gitter); Montage: M. Brendel